陈根　编著

图解产品设计
材料与工艺

彩色版

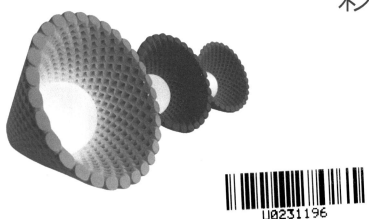

U0231196

化学工业出版社
·北京·

内 容 简 介

本书紧扣当今产品设计材料与工艺设计的热点、难点与重点，主要内容涵盖了材料与设计的概述、材料的美学基础、塑料及其工艺、金属及其工艺、木材及其工艺、玻璃及其工艺、陶瓷及其工艺、材料的表面处理、材料与工艺的创新共九章的内容，全面介绍了各类设计材料的特性、主流工艺以及产品应用的相关知识和所需掌握的专业技能，知识体系相辅相成，非常完整。同时在本书的各个章节中精选了很多与理论紧密相关的案例，增加了内容的生动性、可读性和趣味性，使读者感到轻松自然、易于理解和接受。

图书在版编目（CIP）数据

图解产品设计材料与工艺：彩色版 / 陈根编著.
—北京：化学工业出版社，2020.7（2024.2 重印）
ISBN 978-7-122-36783-9

Ⅰ．①图… Ⅱ．①陈… Ⅲ．①产品设计－图解 Ⅳ.
① TB472-64

中国版本图书馆 CIP 数据核字（2020）第 080235 号

责任编辑：王 烨　　　　文字编辑：谢蓉蓉　　　　装帧设计：水长流文化
责任校对：宋 夏　　　　美术编辑：王晓宇

出版发行：化学工业出版社（北京市东城区青年湖南街 13 号　邮政编码 100011）
印　　装：北京建宏印刷有限公司
710mm×1000mm　1/16　印张 13¼　字数 280 千字　2024 年 2 月北京第 1 版第 5 次印刷

购书咨询：010-64518888　　　　　　　　　　　　售后服务：010-64518899
网　　址：http://www.cip.com.cn
凡购买本书，如有缺损质量问题，本社销售中心负责调换。

定　　价：89.80 元

前言

　　材料是产品设计的物质基础，不仅体现在产品的功能与结构方面，还体现在工业产品的审美形态上。

　　材料影响着产品设计，任何产品必须通过一定的材料作为载体来创造。产品设计的基础是对材料的合理运用，同时又受到材料属性的制约。新的设计构思也需要由相应的材料来实现，这就对材料提出新的要求，促进了材料科学的发展。新材料层出不穷，例如，电子信息材料、新能源材料、纳米材料、先进复合材料、先进陶瓷材料、生态环境材料、新型功能材料、生物医用材料、智能材料、新型建筑及化工材料等，每一种新材料的出现都会为设计实施的可能性创造条件，并对设计提出更高的要求，使新材料在很多领域都发挥着重要作用。在设计中，设计活动与材料的发展相互影响、相互促进、相辅相成。

　　各类新材料也越来越受到产品设计师的高度关注，设计师们在产品设计的创新过程中，一直致力于对新材料的了解、探索和应用。虽然新材料层出不穷，但传统材料仍然有很多值得深入探索的方面，如何在设计实践中使材料更好地发挥其作用，设计师们将面对各种不同的挑战。

　　本书紧扣当今产品设计材料与工艺设计的热点、难点与重点，主要内容涵盖了材料与设计的概述、材料的美学基础、塑料及其工艺、金属及其工艺、木材及其工艺、玻璃及其工艺、陶瓷及其工艺、材料的表面处理、材料与工艺的创新共九章的内容，全面介绍了各类设计材料的特性、主流工艺以及产品应用的相关知识和所需掌握的专业技能，知识体系相辅相成，非常完整。同时在本书的各个章节中精选了很多与理论紧密相关的案例，增加了内容的生动性、可读性和趣味性，使读者感到轻松自然、易于理解和接受。

　　本书内容涵盖了产品设计与工艺的多类别材料、重要工艺流程及特点，在许多方面提出了创新性的观点，可以帮助从业人员更深刻地了解产品设计材料及工艺；帮助产品设计及制造企业确定未来产业发展的研发目标和方向，升级产业结构，系统地提升创新能力和竞争力；指导和帮助欲进入行业者深入认识产业和提升专业知识技能；还可作为高校产品设计、工业设计、材料设计与应用、设计管理、设计营销等专业的教材和参考书。

　　本书由陈根编著。陈道利、朱芋锭、陈道双、李子慧、陈小琴、高阿琴、陈银开、周美丽、向玉花、李文华、龚佳器、陈逸颖、卢德建、林贻慧、黄连环、石学岗、杨艳为本书的编写提供了帮助，在此一并表示感谢。

　　由于水平及时间所限，书中难免存在不妥之处，敬请广大读者及专家批评指正。

编著者

目 录

第1章 材料与设计的概述

材料的美学基础

塑料及其工艺

金属及其工艺

第 4 章

第 5 章 木材及其工艺

第 6 章

玻璃及其工艺

陶瓷及其工艺

第7章

材料的表面处理

材料与工艺的创新

第 1 章

材料与设计的概述

设计伴随着人类生活的需要而产生，它与人类文明的历史同样源远流长。不论哪个地区和民族的人类文明，都是从制造工具和生活用品开始的。在人类历史的长河中，虽经战乱和世事变迁，但造物活动却始终没有间断，而且越来越多样、越来越先进。

人类的造物活动离不开材料，材料是人类造物活动的基本物质条件。科学技术的发展使人们对材料的认识在不断发生变化。在设计中，新材料的开发与应用是提高产品效用和开发产品新功能的重要因素。如塑料因其优良的化学和物理性能，很快获得了设计师的青睐，随之被广泛地应用到家具、家用电器的设计之中，不仅大大地提高了产品的使用效率，同时也扩展了产品的使用功能。杜邦公司发明了尼龙材料，并开发了一系列的尼龙产品就是一个很好的佐证。氟树脂有优异的热性能，以及易清洁、不粘油、无毒等特征，它的应用对"不粘锅"及易清洁的脱排油烟机等产品的问世起到至关重要的作用。如图1-1所示，现代塑料的应用——不粘锅。

图1-1　不粘锅

由于不同的材料具有各自不同的性能特征，因而一旦材料被应用到某个具体的产品时，就会对这一产品产生形态、构造乃至视觉上的影响。

例如，自行车的车架结构除了要满足力学上的要求外，还要严格地受其材料的加工工艺的制约。由于自行车的车架一直受钢管的弯曲和焊接等工艺的限制，车架的形态基本上呈倒三角形。后来出现的碳纤维加强玻璃钢合成材料，由于它有质量轻、强度高、整体成型等特点，被用作自行车的车架材料时，改变了传统的三角形框架，使自行车的外形发生了重大的变化。碳纤维加强玻璃钢合成材料车架的自行车，由于充分发挥了该材料的性能特点，采用了新的加工工艺，使其改变了传统的自行车结构，并配以新颖的传动方式，整个车子形态显得格外轻盈活泼、别致美观而富有动感。如图1-2所示，奥迪在2017年推出高端碳纤维自行车，车身选用碳纤维材料打造，质量只有10kg。该自行车所使用的碳纤维被称为"黑色黄金"，是造飞船的必备材料，它不仅能承受3000℃以上的高温，而且还非常轻盈。

图1-2　奥迪碳纤维自行车

　　在以消费者为导向的市场经济条件下，企业越来越重视通过提高产品的附加值来赢得市场。产品的附加价值是产品机能、材料与感性认识三者的统一，体现在产品的"心理价值""设计价值""信息价值"上。通过对各种设计材料的运用，不仅可以塑造产品的个性，还可以作为一种设计战略，对企业产品形象的建立起着提升的作用。

　　例如，苹果公司的iMac G3设计，运用材料与色彩的语言向世人诠释了数码科技的魅力，如图1-3所示。

图1-3　iMac G3

1.1 材料的发展

综观人类文明历史的发展，器物造型是随着造物需要而产生的，而造物需要又是与人类对材料的认识同步发展的，可以说，人类文明的历史就是材料的发展历史，人类设计活动的历史就是材料的使用历史。人们通常以不同特征的材料来划分人类历史的不同时期，如石器时代、陶器时代、青铜器时代、铁器时代、高分子材料时代等。

1.1.1 石器时代

人类使用材料的历史大致可以上溯到250万年前的旧石器时代，人类祖先为了生存、抵御猛兽袭击和猎取食物，逐渐学会使用天然的材料——木棒、石块等。在旧石器时代，出现了一批人工打制的石器——石刀、石铲、石凿、石斧、石球等，多是利用一块较硬的石头砍砸另一块石头打击而成，所以称砍砸器。尽管其形状既不规则，又不固定，加工十分粗糙，但加工的形状却是人们所希望和需要的。大约1万年前，打制得更加精美的石器以及陶器、玉器的出现标志着新石器时代的开始。人类已经开始用石头和砖瓦作为建筑材料，代表器物有：中国湖北屈家岭遗址出土的距今约5000年的精细石铲、圭形石凿，还有被钻了孔的石斧等，如图1-4所示。

图1-4　石斧

1.1.2 陶器时代

人类将黏土捏成各种形状，放在火中可烧成最原始的陶器。陶是人类学会制成的第一种合成材料。陶的出现，为保存、储藏粮食提供了方便，标志着人类从游猎生活进入农牧生活。如图1-5所示为彩陶。

图1-5　彩陶

1.1.3 青铜器时代

青铜文明的源头在古代中国、美索不达米亚平原和埃及等地。早在公元前8000年，人类

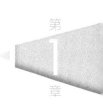

已发现并利用天然铜块制作铜兵器和铜工具，到公元前5000年已逐渐学会用铜矿石炼铜。铜是人类学会制成的第二种合成材料。青铜——铜锡合金，是最原始的合金。中国商代青铜器盛行，青铜器的冶炼和铸造技术处于世界的顶峰。如图1-6、图1-7所示，代表器物有商代后期的遗物后母戊鼎以及四川广汉三星堆出土的青铜面具。

图1-6　后母戊鼎

图1-7　青铜面具

1.1.4 铁器时代

　　将铁从铁矿石中提炼出来的技术早在公元前1400年就出现了，由青铜过渡到铁是生产工具所用材料的重大发展。如图1-8所示，建于宋代嘉祐六年（1061年）的湖北当阳玉泉寺山门外的当阳铁塔，由质量为38300kg的44块铸件天衣无缝地组成，铸造技术之高超令人叫绝。炼铁技术和制造技术的发展，开创了人类文明的新时代，推动了现代工业革命的进程。

1.1.5 高分子材料时代

　　从1909年第一个人工合成的酚醛塑料算起，至今也只有100多年，然而20世纪90年代初，塑料产量已逾1亿吨，按体积计，已超过钢铁产量。因此，人们称这一时期为高分子材料时代。随着人类科技的发展和进步，高分子材料在今天发挥的作用也越来越大。

图1-8　湖北当阳玉泉寺当阳铁塔

1.1.6 复合材料时代

随着时代的发展，均一材质的材料往往已无法满足高新技术发展的要求，因此复合材料应运而生。复合材料是由高分子材料、无机非金属材料或金属材料等几类不同的材料通过复合工艺组合而成的新型材料。将其运用在航空航天工业中，可以使火箭、人造卫星、导弹等减轻自重、减少燃料消耗。如图1-9所示，由美国缩尺复合材料公司制造的世界上最大的飞机"大鹏"在2019年进行了首次试飞。

图1-9　用复合材料制造的飞机——"大鹏"

1.1.7 智能材料时代

如果说20世纪人类社会文明的标志是合成材料，那么21世纪就是智能材料的时代。智能时代的进步，离不开智能材料的研发和应用。自然界具有生命力的生物很多，生物都可以收集外界信息然后传递到自身并做出反应，科技发展到今天，冰冷的材料也开始具有"生命"。并非每种智能材料都必须完全具备智能材料的七个功能：感知、反馈、响应、识别、自诊断、自适应、自修复，但感知和响应功能则是所有智能材料所必需的。

智能材料逐渐兴起并迅速发展，现已发展至航空航天、服饰艺术、医疗器械、土木工程等各个领域。

1.2　材料的固有特性

1.2.1 物理力学性能

（1）密度

密度是指材料在绝对密实状态下单位体积的质量，即

$$\rho = m/V$$

式中　ρ ——材料的密度，kg/m^3；

　　　m ——干燥材料的质量，kg；

　　　V ——材料在绝对密实状态下的体积，m^3。

绝对密实状态下的体积是指材料无孔隙时的体积。除钢铁、玻璃等少数材料可接近绝对密实状态外，绝大多数材料内部都有一定的孔隙。材料在自然状态下（包含孔隙）单位体积的质量称为密度。

（2）强度

强度指材料在外力（载荷）作用下抵抗明显的塑性变形或破坏作用的能力。材料抵抗外力破坏作用的最大能力称为极限强度。根据作用力的方式不同，材料的力学强度分为拉伸强度（即抗张强度或抗拉强度）、压缩强度、弯曲强度、冲击强度、疲劳强度等。强度是评定材料质量的重要力学性能指标，是设计中选用材料的主要依据。材料抗压、抗拉强度的计算公式为

$$R = P/F$$

式中　R ——材料的极限强度，Pa；

　　　P ——材料破坏时的最大载荷，N；

　　　F ——材料受力截面积，cm^2。

（3）弹性

在外力（载荷）作用下材料发生变形，当外力除去后材料能恢复原来形状的性能称为材料的弹性，这一变形称为弹性变形。材料所能承受的弹性变形量愈大，则材料的弹性愈好。

（4）塑性

在外力作用下材料发生变形，当外力取消后材料仍保持变形后的形状和尺寸，但不产生裂缝，这一变形称为永久变形，材料所能承受永久变形的能力称为材料的塑性。永久变形量大而又不出现破裂现象的材料，其塑性好。材料的塑性用断面收缩率（ψ）和延伸率（δ）表示，即

$$\psi = \frac{原断面积 - 拉断后断面积}{原断面积} \times 100\%$$

$$\delta = \frac{拉断后长度 - 拉伸前长度}{拉伸前长度} \times 100\%$$

（5）脆性与韧性

材料的力学断裂是由于原子间或分子间的键断开而引起的，按断裂时的应变大小分为脆性断裂和韧性断裂。前者是指材料未断裂之前无塑性变形发生，或发生很小塑性变形导致破坏的现象。岩石、混凝土、玻璃、铸铁等在本质上都具有这种性质，这些材料相应地被称为脆性材料。韧性断裂是指材料在断裂前发生大的塑性变形的断裂，如软钢及其他软质金属、橡胶、塑料等均呈现韧性断裂。

韧性是指材料抵抗裂纹萌生与扩展的能力。脆性是指当外力达到一定限度时，材料发生无先兆的突然破坏，且破坏时无明显塑性变形的性质。脆性材料力学性能的特点是抗压强度远大于抗拉强度，破坏时的极限应变值极小。韧性与脆性是两个意义完全相反的概念，材料的韧性高，意味着其脆性低；反之亦然。度量韧性的指标有两类：冲击韧性和断裂韧性。冲击韧性是用材料受冲击而断裂的过程所吸收的冲击功的大小来表征材料的韧性。材料抵抗裂纹扩展断裂的韧性性能称为断裂韧性，是材料抵抗脆性破坏的韧性参数。它和裂纹本身的大小、形状及外加应力大小无关，是材料固有的特性，只与材料本身、热处理及加工工艺有关，是应力强度因子的临界值。常用断裂前物体吸收的能量或外界对物体所做的功表示，例如，应力-应变曲线下的面积。韧性材料因具有大的断裂伸长值，所以有较大的断裂韧性，而脆性材料一般断裂韧性较小。此指标可用于评价高分子材料的韧性，但对韧性很低的材料（如陶瓷）一般不适用。脆性与硬度有密切关系，硬度高的材料通常脆性亦大，砖、石材、陶瓷、玻璃、混凝土、铸铁等都是脆性材料。与韧性材料相比，它们对抵抗冲击荷载和承受震动作用是相当差的。

（6）硬度

硬度是材料抵抗其他物体压入自己表面的能力，反映出材料局部塑性变形的能力。不同的材料其硬度测定的方法也不相同，通常采用钢球或金刚石的尖端压入各种材料的表面，通过测定压痕深度来测定材料的硬度。也可通过测定材料上下落重锤的回弹高度来评定材料的硬度，称为肖氏（Albert F. Shore）硬度法。还可以用钻孔、撞击等方法来评定材料的硬度。对于矿物可用一定硬度的物体去刻划它的表面，根据刻痕和色泽的深浅来评定其硬度。对于金属材料、塑料及橡胶等测定硬度的常用方法有布氏（J.A.Brinell）硬度法、洛氏（S.P.Rockwell）硬度法和维氏（R. L. Smith，G. E. Sandland）硬度法等。

（7）疲劳特性

材料在受到拉伸、压缩、弯曲、扭曲或这些外力的组合反复作用时，应力的振幅超过某一限度即会导致材料的断裂，这一限度称为疲劳极限。疲劳寿命指在某一特定应力下，材料发生疲劳断裂前的循环数，它反映了材料抵抗产生裂缝的能力。

疲劳现象主要出现在具有较高塑性的材料中，如金属材料的主要失效形式之一就是疲劳。疲劳断裂往往是没有任何先兆的，由此造成的后果有时是灾难性的。在设计振动零件时，首先应考虑疲劳特性。

（8）耐磨性

材料对磨损的抵抗能力称为材料的耐磨性，可用磨损量表示。在一定条件下，磨损量越小则耐磨性越高。一般用在一定条件下试样表面的磨损厚度或体积（质量）的减少来表示磨损量的大小。磨损包括氧化磨损、咬合磨损、热磨损、磨粒磨损、表面疲劳磨损等。一般降低材料的摩擦因数、提高材料的硬度均有助于提高材料的耐磨性。

1.2.2 热学性能

（1）熔点

材料由固态转变为液态时的温度称为材料的熔点。工业上一般将熔点低于700℃的金属称为易熔金属。合金的熔融则有一定的温度范围，熔点的高低对于金属和合金的熔炼及热加工有直接影响，与机器零件及工具的工作性能关系也很大。高分子材料在热塑时具有玻璃化转变温度T_g，在此温度以上则成为高黏度液体或橡胶状材料。结晶性塑料熔点T_m（如聚四氟乙烯树脂）高于温度T，为327℃。热固性树脂无明显玻璃化转变温度或熔点，在高温下容易分解。陶瓷材料无明显的熔点，软化温度较高，化学性能稳定，耐热性优于金属材料。

（2）比热容

将1kg质量的材料温度升高1℃所需要的热量称为该材料的比热容，其单位为焦（耳）每千克摄氏度，即J/（kg·℃）。

一般无机建筑材料的比热容为（0.18～0.22）×4.19×10³ J/（kg·℃），有机材料的比热容为（0.4～0.6）×4.19×10³ J/（kg·℃），钢的比热容约为0.115×4.19×10³ J/（kg·℃），水的比热容最大，约为1.00×4.19×10³ J/（kg·℃）。材料的比热容随其含水率增加而增大。

（3）热膨胀系数

材料由于其温度上升或下降会产生膨胀或收缩，此种变形如果是以材料上两点之间的单位距离在温度升高10℃时的变化来计算即称为线胀系数，如果是以物体的体积变化来计算则称为体膨胀系数。线胀系数以高分子材料的最大，金属材料次之，陶瓷材料的最小。

（4）热导率

材料中将热量从一侧表面传递到另一侧表面的性质称为导热性。具有单位厚度的材料，其相对的两个面上如果给予单位的温度差，则在单位时间内传导的热量称为热导率，其单位为W/（m·K），即瓦（特）每米开（尔文）。

金属材料的热导率较大，是热的良导体。高分子材料的热导率小，是热的绝缘体。材料的导热性大小主要受其孔隙率和含水率的影响，材料的孔隙度愈高，则导热性愈低；材料的含水率增大，则导热性提高。

（5）耐热性

材料长期在热环境下抵抗热破坏的能力，通常用耐热温度来表示。晶态材料以熔点温度为指标（如金属材料、晶态塑料）；非晶态材料以转化温度为指标（如非晶态塑料、玻璃等）。

（6）耐燃性

材料在含有氧气的环境中抵抗燃烧的能力。根据材料耐燃能力可分为不燃或难燃材料和易燃或可燃材料。

（7）耐火性

材料长期抵抗高热而不熔化的性能，或称耐熔性。耐火材料还应在高温下不变形、能承载。耐火材料按耐火温度分为普通耐火材料、高级耐火材料、特级耐火材料。

1.2.3 电性能

（1）导电性

材料传导电流的能力。通常用电导率来衡量导电性的好坏。电导率大的材料导电性能好。材料导电性的量度为电阻率或电导率。电阻R与导体的长度L成正比，与导体的截面积S成反比，即

$$R = \rho \left(\frac{L}{S} \right)$$

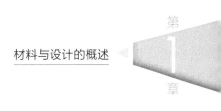
式中　ρ ——体积电阻率，$\Omega \cdot m$。

（2）电绝缘性

与导电性相反。通常用电阻率、介电常数、击穿强度来表示。电阻率大，材料电绝缘性好；击穿强度越大，材料的电绝缘性越好；介电常数愈小，材料的电绝缘性愈好。

1.2.4 光性能

材料对光的反射、透射、折射的性质。材料对光的透射率愈高，材料的透明度愈好；材料对光的反射率愈高，材料的表面反光愈强，为高光材料。

1.2.5 化学性能

材料的化学性能指材料在常温或高温时抵抗各种介质的化学或电化学侵蚀的能力，是衡量材料性能优劣的主要质量指标。它主要包括耐腐蚀性、抗氧化性和耐候性等。

① 耐腐蚀性　材料抵抗周围介质腐蚀破坏的能力。
② 抗氧化性　材料在常温或高温时抵抗氧化作用的能力。
③ 耐候性　材料在各种气候条件下，保持其物理性能和化学性能不变的性质。玻璃、陶瓷的耐候性好，塑料的耐候性差。

1.2.6 材料的物性规律

对现有材料而言，材料之间的物性可以归纳为以下规律。
① 材料密度（由大到小）　钢铁>陶瓷>铝>玻璃纤维增强复合材料>塑料。
② 材料耐热性（由高到低）　陶瓷>钢铁>铝>玻璃纤维增强复合材料>塑料。
③ 材料拉伸强度（由大到小）　钢铁>玻璃纤维增强复合材料>铝~陶瓷>玻璃>塑料。
④ 材料比拉伸强度（由高到低）　玻璃纤维增强复合材料>铝>钢铁>塑料>玻璃>陶瓷。
⑤ 材料韧性（由强到弱）　钢铁>铝~玻璃纤维增强复合材料>塑料>陶瓷~玻璃。
⑥ 材料导热性（由高到低）　铝>钢铁>陶瓷>玻璃>玻璃纤维增强复合材料>塑料。
⑦ 材料线胀系数（由大到小）　塑料>铝~玻璃纤维增强复合材料>钢铁>玻璃~陶瓷。
⑧ 材料导电性（由大到小）　铝>钢铁>陶瓷>玻璃纤维增强复合材料>玻璃>塑料。

1.3 材料的可持续性

1.3.1 可持续发展概念的提出

环境意识作为一种现代意识，已引起了人们的普遍关注和国际社会的重视。20世纪下半叶是人类历史发展的黄金时代，随着科技和经济的高速发展，工业化大生产与高科技结合产生巨大的社会和经济效益，使人们在饱尝工业文明带来的甜头后，也不得不吞下生态环境遭到破坏的苦果。现实要求人类从节约资源和能源、保护环境及社会可持续发展的角度出发，重新评价以往研究、开发、生产和使用材料的活动，改变单纯追求高性能、高附加值的材料而忽视生存环境恶化的做法，探索和发展既有良好性能或功能，又对资源和能源消耗较低，并且与环境协调较好的材料及制品。如图1-10所示为材料的"生命周期"示意图，图中虚线表示可能的污染源。

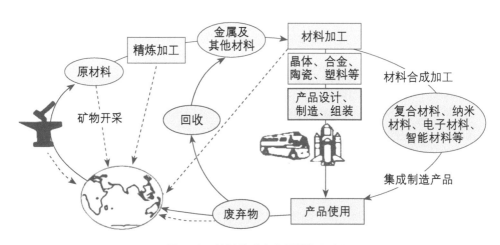

图1-10　材料的"生命周期"示意图

20世纪60～70年代，随着公害问题的加剧和能源危机的出现，人们逐渐认识到把经济、社会和环境割裂开来谋求发展，只能给地球和人类社会带来毁灭性的灾难。源于这种危机感，可持续发展的思想在80年代逐步形成。1983年11月，联合国成立了世界环境与发展委员会（WECD）。1987年，受联合国委托，以挪威前首相布伦特兰夫人为首的WECD的成员们，把经过4年研究和充分论证的报告——《我们共同的未来》提交联合国大会，正式提出了"可持续发展"（sustainable development）的概念和模式。

　　"可持续发展"一词在国际文件中最早出现于1980年由国际自然保护同盟制定的《世界自然保护大纲》，其概念最初源于生态学，指的是对于资源的一种管理战略。其后被广泛应用于经济学和社会学范畴，加入了一些新的内涵。在《我们共同的未来》报告中，"可持续发展"被定义为"既满足当代人的需求又不危害后代人满足其需求的发展"，是一个涉及经济、社会、文化、技术和自然环境的、综合的、动态的概念。该概念从理论上明确了发展经济同保护环境和资源是相互联系、互为因果的观点。

　　《我们共同的未来》对当前人类在经济发展和保护环境方面存在的问题进行了全面和系统的评价，对人类发展史进行了深刻的反思。它提出的"可持续发展"理论得到了全世界不同经济水平和不同文化背景国家的普遍认同，并为1992年联合国环境与发展大会通过的《21世纪议程》奠定了理论基础。

　　可持续发展是建立在社会、经济、人口、资源、环境相互协调和共同发展基础上的一种发展，其宗旨是既能相对满足当代人的需求，又不能对后代人的发展构成危害。

1.3.2 绿色设计

　　绿色设计也称生态设计、环境设计或环境意识设计，是在设计产品时以产品环境属性为主要设计目标，在充分考虑产品的功能、质量、开发周期和成本的同时，着重考虑产品的可拆性、可回收性、可维护性、可重复利用性等功能目标，优化各有关设计因素，使得产品及其制造过程对环境的总体影响和资源消耗减少到最小的设计理念。

　　绿色设计突出了"生态意识"和"以环境保护为本"的设计观念，体现了环境协调性、价值创造性、功能全程性。如图1-11所示为绿色设计产生的过程。

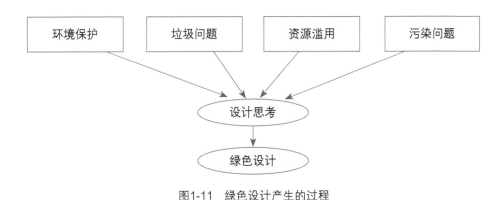

图1-11　绿色设计产生的过程

绿色设计的基本原则——6R原则，如下所述。

（1）研究（Research）

重视研究产品的环境对策，着眼于人与自然的生态平衡关系。从设计伦理学和人类社会的长远利益出发，以满足人类社会的可持续发展为最终目标。详尽考察研究新产品生命周期全过程对自然环境和人的影响，即在设计过程的每一个决策中都充分考虑到环境效益，尽量减少对环境的破坏。

（2）保护（Reserve）

最大限度地保护环境，避免污染，尽可能减缓由于人类的消费而给环境增加的生态负荷，减少原材料和自然资源的使用，减轻各种技术、工艺对环境的污染。

（3）减量化（Reduce）

这一原则的目标是减少物质浪费与环境破坏，包括：产品设计中的减小体量、精减结构；生产中的减少消耗；流通中的降低成本与消费中的减少污染。

（4）回收（Recycling）

① 法律法规的制定与实施使人们对资源回收与再利用形成普遍共识；
② 材料供应商与产品销售商联手，建立材料回收的运行机制；
③ 产品结构设计的改革使产品部件与材料的回收运作成为可能。

（5）重复使用（Reuse）

① 将废弃产品的可用零部件用于合适结构中，继续发挥其作用；
② 更换零部件使原产品重新返回使用过程。产品重复使用的频率越高，废弃物产生的速率越低。

（6）再生（Regeneration）

① 通过回收材料并进行资源再生产的新颖设计，使得资源再利用的产品得以进入市场；
② 通过宣传与产品开发，使再生产品为消费者接受与欢迎。

在产品的设计中，应采取"从开始就要想到终结"的绿色设计观念，即设计时就让产品在整个生命周期内不产生环境污染的策略，而不是产品产生污染后再采取措施补救的策略。绿色设计的简略流程如图1-12所示。

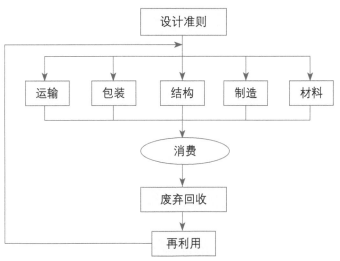

图1-12　绿色设计的简略流程

如图1-13所示，利用绿色设计的观念设计出的名为Viupax™的一种创新鞋类包装，与传统鞋盒相比，纸板的使用量减少了50%，并且在运输过程中占用的体积减小了57%。

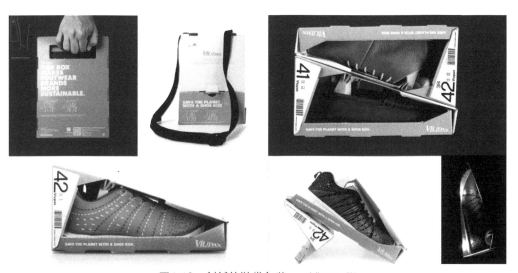

图1-13　创新的鞋类包装——Viupax™

1.3.3 师法自然

"天人合一"是中国古代的自然观，师法自然就是向自然学习，人类自文明开始就在努力向自然学习。但人类最希望学会而且尚未学会的是，如何以最少的原材料、消耗最少的能量、在最温和的条件下制造所需的制品，并且制造过程对自然界不产生任何不利的影响。

如图1-14所示，furthermore工作室模拟矿脉形成的类似过程，用陶土与合金制成泡沫复制品REPLICA。

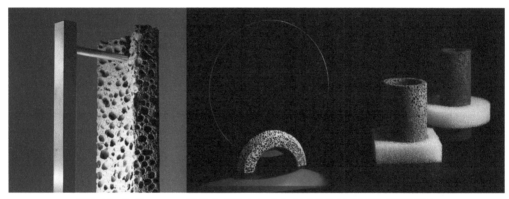

图1-14　furthermore 工作室用陶土与合金制成的泡沫复制品 REPLICA

1.3.4 材料设计的经济性考量

在材料生产中必须节省资源、节约能源、回收再生，这是经济性的首要原则。另外，产品的质优价廉是富有竞争性的重要因素，其中材料设计的经济性是关键指标，它包括材料原料的价格和材料成型加工成本及回收处理成本等经济性问题。产品材料的设计在必须满足经济性的条件下，为人们乐于接受并使用。

图1-15　100%可回收的雨伞

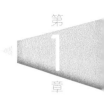

如图1-15所示，这把雨伞全身均采用可回收材料——聚丙烯制作，不需要任何拆解，就可以100%被回收利用。

1.3.5 低碳设计

低碳设计是指能够达到减少温室气体排放效果的设计。

如图1-16所示，日本东丽工业公司研制出的世界上第一个完全可再生的生物基聚酯纤维。

图1-16　世界上第一个完全可再生的生物基聚酯纤维

第 2 章

材料的美学基础

2.1 材料的美感

美感是人们通过感官接触事物时所产生的一种愉悦的心理状态，是人对美的认识、欣赏和评价。美感是评价设计的一项重要指标，设计材料的美感一方面来自材料自身固有的物质特征，如木材的温馨自然、金属的高贵凝重、塑料的柔顺平和、玻璃的透彻光滑；另一方面来自对材料合理的选择利用、巧妙的搭配组合以及精心的工艺加工。从而达到设计形式与物质材料的性能一致，实用功能与审美功能的价值统一。

材料的美感主要体现在色彩、肌理、光泽、质地等方面。

2.1.1 色彩美

色彩是最富感性的设计元素，但它必须依附于材料这个载体，否则将无法体现其魅力。色彩还有衬托质感的作用。

材料的色彩分为固有色彩（自然色彩）和人为色彩。

（1）材料的固有色彩

材料的固有色彩是产品设计中的重要部分，设计中必须充分发挥材料固有色彩的美感，运用对比、点缀等手法加强材料固有色彩的美感功能，丰富其表现力。

如图2-1所示，利用固有色彩的天然材料结合现代科技的Klein Agency家具。

图2-1　Klein Agency家具

（2）材料的人为色彩

材料的人为色彩是根据产品装饰需要，对材料进行着色处理，以调节材料本色，强化和烘托材料的色彩美感。在进行着色处理时，色彩的明度、纯度、色相可随需要任意推定，但材料的自然肌理美感不能受影响，只能被加强，否则就失去了材料的美感，是得不偿失的做法。

如图2-2所示，利莉亚娜·贝当古大奖赛（Liliane Bettencourt Prize）中的一款tiss-tiss椅，由铝板与两边的织物图案组成，采用缝制技术封边，金属的坚硬与织布艺术完美结合。

图2-2　tiss-tiss 椅

（3）相似色材料的组合

相似色材料的组合是指明暗程度差异不大、色相基本上属同类、无较大冷暖反差的材料的组合。这种组合配置易于统一色调，一般先选定一种面积大的材料作为基调，再选用色彩相近或同类色中明暗程度上有一定差异的材料来组合。相似色材料的组合给产品带来和谐、统一、亲切、平静、柔和的效果。

如图2-3所示，2018年斯德哥尔摩家具展上一款名为"Norma"的多功能沙发。根据所选色彩和面料的不同，这款沙发的外观可以完全改变。沙发利用分层原理由相似色的不同面料拼接而成的三个部分组合在一起，创造出独特的对比效果。

图2-3　Norma 拼接沙发

（4）对比色材料的组合

材料色彩的对比，主要是色相上的对比、明度上的对比、冷暖色调上的对比。对比色材料的组合能给产品带来强烈、活泼、充满生机的感觉，增强产品对人视觉的刺激程度。

如图2-4所示，一款时尚的智能手表Sugar，它能够连续监测血糖水平读取血糖数据，它的外观采用对比色材料的组合。

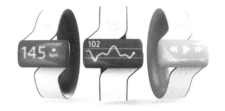

图2-4　智能手表Sugar

2.1.2　肌理美

肌理是人们在视觉或触觉上可感受到的一种表面材质效果。通过对产品材料表面肌理的设计和运用，能够引起人对产品产生不同的心理反应，从而使产品富有各种风格和个性。即使是同一类型的材料，不同的处理也会有明显的肌理变化，或具粗犷、坚实、厚重的刚劲感，或具细腻、轻盈、柔和的通透感。

（1）自然肌理

自然肌理是材料自身所固有的肌理特征，它包括天然材料的自然形态肌理（如天

图2-5　采用弯曲桦木胶合板设计的
循环扭曲衣架

然木材、石材等）和人工材料的肌理（如钢铁、塑料、织物等）。如图2-5所示，采用弯曲桦木胶合板设计的循环扭曲衣架。

（2）再造肌理

再造肌理是对材料表面进行加工所形成的人为肌理特征，是非材料自身所固有的肌理形式，通常运用各种工艺手段改变原有的材质表面特征，形成一种新的材质表面特征，以满足产品设计的需要。

如图2-6所示，TON渐变色椅子，使用木材弯曲技术制作而成，在原木色外面涂上的渐变蓝色赋予椅子特殊的肌理感。

图2-6　TON渐变色椅子

（3）材料肌理的组合

材料肌理的组合形态，是使产品整体协调的重点。采用两种以上材料肌理组合配置时，通过鲜明肌理与隐蔽肌理、凹凸肌理与平面肌理、粗肌理与细肌理、横肌理与竖肌理等的对比运用，产生相互烘托、交相辉映的肌理美感。

如图2-7所示，这些民族风格椅子的靠椅框架采用美国白橡木为材料，坐垫面料均为废旧织物，为了确保它格外舒适，五颜六色的丝球里面填满了海绵。

图2-7　民族风格椅子

2.1.3 光泽美

视觉感受是人认知材料的主要方式，光泽美是人通过感受折射于材料表面的光线而产生的美感。不同的材料表面可以对光的折射角度、强弱、颜色产生影响，从而得到不同的视觉效果，使人通过视觉感受获得心理、生理方面的反应，引起某种情感，产生某种联想从而形成审美体验。通过对不同材料表面的不同加工与处理可以产生丰富的光泽美感。

根据材料的受光特征可分为透光材料和反光材料。

2.1.3.1 透光材料

透光材料受光后能被光线直接透射，呈透明或半透明状。这类材料给人轻盈、明快、开阔的感觉。

如图2-8所示，以色列设计师Ohad Benit模仿肥皂泡形状设计的系列灯具，显得活泼俏皮，独具一格。

透光材料的动人之处在于它的晶莹，在于它可见的天然质地性与阻隔性的不平衡状态。当一定数量的透光材料叠加时，其透光性减弱，但形成一种朦胧的别样美感。

图2-8　模仿肥皂泡形状设计的
系列灯具

如图2-9所示，Oblure的橄榄球网状灯。它由四个可移动的金属网左右旋转、相互重叠创造，产生不同的视觉效果。

2.1.3.2 反光材料

反光材料受光后按反光特征不同分为定向反光材料和漫反射材料。

图2-9　Oblure的橄榄球网状灯

（1）定向反光材料

定向反光是指光线在反射时带有某种明显的规律性。定向反光材料一般表面光滑、不透明，受光后明暗对比强烈，高光反光明显，如抛光大理石面、金属抛光面、塑料光洁面、釉面等。这类材料因反射周围景物，自身的材料特性一般较难全面反映。

图2-10　Pelle灯具

如图2-10所示，带有钢制散热片的Pelle灯具，为几何照明灯，光线照射在地板或墙壁上，形成了三角形几何形状映射出的柔软的投影图案。

（2）漫反射材料

漫反射是指光线在反射时向各个方向反射的现象。漫反射材料通常不透明，表面粗糙，且表面颗粒组织无规律，受光后明暗转折层次丰富，高光反光微弱，为无光或亚光，如毛石面、木质面、混凝土面、橡胶面和一般塑料面等。这类材料以反映自身材料特性为主，给人以质朴、随和、含蓄、安静、平稳的感觉。

图2-11　保时捷356系列复古汽车设计

如图2-11所示，保时捷356系列复古汽车设计，给人一种天生的豪华、高贵感。

2.1.4　质地美

材料的美感除在色彩、肌理、光泽上体现外，质地也是体现材料美感的一个方面，并且是一个重要的方面。材料的质地美是材料本身的固有特征所引起的一种赏心悦目的心理感受，易有较强的感情色彩。

如图2-12所示，厨具产品设计师Karim Rashid的现代厨房配件作品，蓝色和白色及不同材料质地的搭配提升了厨房的品位。

图2-12　现代厨房配件设计

（1）材料的质地

材料的质地主要是由材料自身的组成、结构、物理化学特性体现出来的，主要表现为材料的软硬、轻重、冷暖、干湿、粗细等。

如图2-13所示，HELIA灯具，由混凝土制成，具有独特的网状结构，模仿编织纹理，灵感源自斐波那契螺旋形向日葵图案。

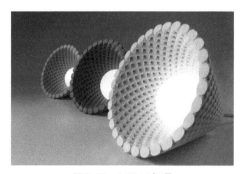

图2-13　HELIA灯具

质地是与任何材料都有关的造型要素，它具有材料自身的固有特性，一般分为天然质地与人工质地。

图2-14　吉布森木制部件耳机
（Gibson headphones）

（2）不同质地材料的配置

① 相似质地的材料配置指两种或两种以上相似质地材料的组合配置。

② 对比质地的材料配置指两种或两种以上质地截然不同材料的组合配置。在对比中显示各材质的表现力，展现其美感属性。

如图2-14所示，吉布森木制部件耳机（Gibson headphones），采用皮革和金属结合设计。

2.2　材料的质感

在产品造型设计中，形态、色彩、材质是其基本构成的三大要素，其中，材质即材料的质感，是人对物体材料表面的结构特征所产生的生理和心理活动，是人的视觉和触觉系统受到物体表面的刺激后所产生的综合印象。材料的质感表现出材料以及设计、制造工艺的品质，是产品造型的整体表现。

2.2.1　质感设计的作用

在产品设计中，除了满足产品功能属性外，还应关注产品在视觉、触觉等感官层次上对人们生理和心理上的审美影响。材料质感设计的主要作用体现在以下四个方面。

（1）提高适用性

图2-15　照相机

比如，照相机机身的手持部分，采用软质的皮革或者细小颗粒的亚光塑料，不仅手感舒服，而且便于操作，不易滑落（图2-15）。又如，座椅表面采用木材或者将其处理成木质、皮革等纹理，都会给人良好的触觉和视觉感受，使人乐于接受和使用。另外，突出的材质表面设计也能为人们提供正确的操作语义。

（2）增加装饰性

给予材料恰当的色彩配置、肌理配置、光泽配置、工艺配置等，都能向人们传达丰富的产品语义，给人以美的视觉冲击和享受。陶瓷釉面的艺术釉设计是典型的视觉质感设计，雨花釉、冰纹釉、结晶釉、朱砂釉等赋予陶瓷制品形式美，给人以丰富的视觉享受（图2-16）。手机外观的设计，从触摸屏到机身，再到LOGO，其细致入微的质感设计与工艺处理，使人们在享受产品带来的便利的同时，感受到良好的质感带给人愉悦的精神享受（图2-17）。

图2-16　陶瓷釉面

（3）提升价值

人们希望产品"货真价实"，其中"真"就是指产品应具有优良的材质和精湛的工艺，做到自然质感和人为质感的和谐统一，产品能够反映其真实性并体现价值。优良的质感设计还能使人感受到产品所透射出的内在美。

图2-17　手机

如图2-18所示，一款名为Seron的边桌，它的特别之处在于支撑桌面的结构，除了一条曲折结构的桌腿，还有一个底面，灵感来自街头艺人悬空"特技"的表演。这种独特的平衡设计，鼓励用户思考其保持直立背后的设计巧思。

图2-18　Seron 边桌

如图2-19所示，Ritzwell沙发设计，采用薄且管状的不锈钢框架，配有温馨的真皮座椅和支撑靠背，它的舒适性与高度图形化的外观相匹配，通过优质材料和精致工艺为家具注入温暖，带来和平与安宁。

图2-19　Ritzwell沙发设计

（4）多样性和经济性

良好的人为质感可以替代、补充或完善自然质感，满足工业产品的多样性和经济性的要求。例如，塑料镀膜纸能仿造金属和玻璃镜质感；墙纸可以仿造锦缎质感。还有各种表面处理工艺都能做到同材异质、异材同质的效果，增加产品多样性的同时也节约了大量短缺的天然材料，满足经济性的要求。

如图2-20所示，这是一种可以"种"出来的薄膜，由细菌和酵母通过发酵产生，可以做成食品包装，用来存放干燥或者半干燥的食物。

图2-20　"种"出来的食品包装

2.2.2 质感设计的要点

质感设计在工业设计中占据重要的地位，质感设计能够体现和运用先进的科技成果，一种新颖材料或一种独特工艺的运用，往往会比单纯的造型带来更有意义的突破。

在进行质感设计时应遵循绿色设计理念，在满足产品的实用性、安全性的基础上，还要最大可能地满足产品的审美功能需求。

（1）顺应材料特性

《考工记》中"审曲面势"就是此意。材料的优劣，直接影响产品的功能性、安全性以及美观性。质感设计中应充分发挥材料特性，真实地利用其独特的纹理、色彩等自然属性，设计出具有独特之美的产品。

如图2-21所示，设计师将竹篾编织融入椅子的设计中，紧实的椅面与夸张的椅背相互映衬，利用竹篾的自然属性，使其显得独特，自然气息也十分浓郁。

图2-21　独特的竹篾椅子

（2）确切表达产品语义

设计师通过材料的表面肌理、形态、色彩等，可以表现出产品的使用方式，以形成对人们视觉、触觉的暗示和心理情感体验。产品的操作部位不仅应通过造型来满足消费者的视觉感受，还应进行良好的触感设计，从而表达产品语义。

图2-22　GREYHOURS腕表设计

如图2-22所示，GREYHOURS腕表设计，通过大胆的黑白色对比，不同材料的结合运用，表现出腕表设计的清新优雅与现代简约。

（3）灵活运用形式美

虽然不同材料的综合运用可丰富人们的视觉和触觉感受，但是优良的设计，不在于多种贵重材质的堆砌，而在于合理地、艺术性地、创造性地使用材料。

如图2-23所示，"中灰色"系列灯具。"中灰色"指的是眼睛能看到的介于黑色和白色之间的灰色阴影，这种特殊的阴影反射了18%的光线，使灯具表现出朦胧的美感。

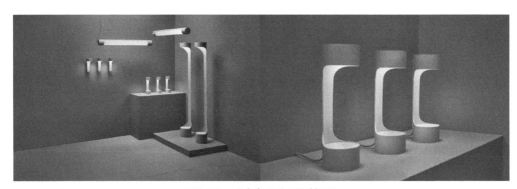

图2-23　"中灰色"系列灯具

（4）注重环保性

用可持续性的眼光选材、用材是工业设计师的义务和责任。

如图2-24所示，自动响应日照方向的曲面玻璃幕墙，能在减少高碳铝材使用量的同时提供更大的飘窗面积。

图2-24　自动响应日照方向的曲面玻璃幕墙

2.3　材料设计的形式美法则

材料设计的形式美法则，实质上就是按照形式美的基本规律对各种材料质感、色彩进行有规律的组合的基本法则。

2.3.1　配比原则

在产品设计的材料选择上，将各部分的材料按形式美的法则进行配比，同时注意材料的整体与局部、局部与局部之间的配比关系，才能获得美好的视觉印象，配比原则的实质就是和谐，即多样统一。配比原则包含调和法则和对比法则。

（1）调和法则

调和法则就是使整体各部位的物面质感统一、和谐，其特点是在差异中趋向于"统一"和"一致"，使人感到融合、协调。在同一材质的整体设计中对各部位做相近的表面材料处理，以达到统一的美感。

如图2-25所示，CYLNDR电动剃须刀，产品整体呈现出协调、一致的效果。

图2-25　CYLNDR电动剃须刀

（2）对比法则

材料的对比虽不会改变产品造型的形体变化，但由于它能够产生较强的感染力，使人感到产品生动、醒目、振奋、活跃。同一形体中，使用不同的材料可构成材质的对比效果，如：人造材料与天然材料，金属与非金属，粗糙与光滑，高光、亚光与无光等。使用同一种材料也可对其表面进行各种处理，以形成不同的质感效果。

如图2-26所示，木制照相机机器人，采用了多种类的木材，统一中又形成了细微的对比。

图2-26　木制照相机机器人

2.3.2 主从原则

主从原则是指事物的外在因素在排列组合时要突出中心，主从分明。不分主从的材料设计，会使产品的造型显得呆板、单调。主从原则可从以下几方面体现。

① 产品造型的重点由功能和结构等内容决定，对于功能特征的关键部位（即主体部位），使用的材料要重点处理，这样可以形成视觉中心，带来沉稳、安定感。

② 在产品的整体设计中，对于可见部位、常触部位、主要部位，如面板、商标、操纵件等，应做良好的视觉质感与触觉质感的设计。而对于不可见部位、少触部位、次要部位应从略、从简处理。

③ 运用材料的对比法则来突出重点，常采用非金属衬托金属，用轻盈的材质衬托沉重的材质，用粗糙的材质衬托光洁的材质。

如图2-27所示，这款形似云朵的软垫。软垫主体表面采用TAKEYARI出品的帆布材质制作。通过一根绳索连接软垫的边缘，可组装成扶手椅或是无腿的模块沙发。帆布与绳索在材质、形态上的有趣对比，衬托出沙发的柔软舒适与结实耐用。

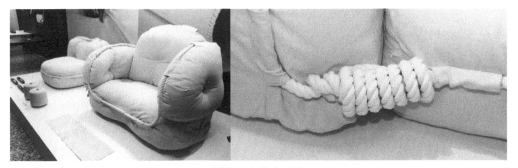

图2-27　软垫沙发

2.3.3 适合原则

各种材质有明显的个性，在设计中应充分考虑到材料的功能和价值，材料应与适用性相符。针对不同的产品、不同的使用者、不同的消费对象以及不同的使用环境，在材料选择上要充分利用适合原则，将具体的产品、具体的材料与具体消费对象的审美感觉有机地结合在一起，使材料的美感得到淋漓尽致的体现。

如图2-28所示，HumanEyes设计的Vuze照相机水下拍摄套件，为人们提供了在水下拍摄完整的360°虚拟现实（VR）素材的机会。

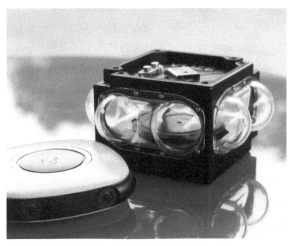

图2-28　Vuze照相机水下拍摄套件

第 **3** 章

塑料及其工艺

3.1　塑料的概述

在国民经济中，塑料与钢铁、木材、水泥并称为四大基础材料，也是推动社会生产力发展的新型材料。从儿童玩具到仪器、容器，从电脑外壳到汽车部件，从牙刷、口杯到飞机零件，塑料制品在我们的生活中随处可见（图3-1）。

当今，塑料依然在不断地创新与发展，这主要得益于塑料本身所具备的轻质、抗腐、价廉、可塑和再利用等诸多优点。今天的塑料已经由过去的单一品种发展到了60多个大类，300多个品种，应用领域广泛，在很多领域成功取代金属、玻璃和木材。

图3-1　无处不在的塑料制品

人类严重浪费资源的做法给我们赖以生存的地球环境带来了严重的破坏，也给人们自身的健康带来了潜在的危害。"白色污染"最为典型的就是"白色家电"所引发的一系列污染问题，如图3-2所示。这就需要产品设计师思考一个问题：如何在设计的过程中做到产品材料的合理化应用与可回收，避免由于这些塑料制品难以降解处理，造成城市环境的污染、土壤环境的恶化。

图3-2　"白色家电"污染问题

3.2 塑料的分类

在选择塑料作为产品设计材料时，应从产品的使用要求和塑料在产品中所发挥的作用选择适宜的塑料材料品种。就工业产品用材而言，塑料的分类方法较多，常用的有如下两种。

3.2.1 以塑料受热后的性质不同分类

根据塑料受热后的性质不同分为热塑性塑料和热固性塑料。

（1）热塑性塑料

热塑性塑料受热到一定程度软化，冷却后又变硬，这种过程能够反复进行多次，其变化过程可逆，如聚氯乙烯、聚乙烯、聚苯乙烯等都属于热塑性塑料。热塑性塑料成型过程比较简单，能够连续化生产，并且具有相当高的机械强度，是可回收利用的塑料。

（2）热固性塑料

热固性塑料虽然具有可溶性和可塑性，可以塑成一定的形状，但是受热到一定的程度或加入少量固化剂后，树脂变成不溶或者不熔的体型结构，使形状固定下来不再变化，即使再加热也不会变软和改变形状了。在这个加热过程中，既有物理变化，又有化学变化，因此其变化过程是不可逆的。热固性塑料加工成型后，受热不再软化，因此不能回收再利用。简言之，热固性塑料是加热、硬化合成树脂得到的塑料，其耐热性好、不容易变形，如酚醛塑料、氨基塑料、不饱和聚酯、环氧树脂等都属于此类塑料。

3.2.2 以塑料的用途不同分类

根据塑料的用途不同可分为通用塑料、工程塑料和特种塑料。

（1）通用塑料

通用塑料一般是指产量大、价格低、成型性好、应用范围广的塑料，但其性能一般，主要包括聚烯烃（PO）、聚氯乙烯（PVC）、聚苯乙烯（PS）、酚醛树脂（PF）和氨基树脂五大品种。人们日常生活中使用的许多产品都是由这些通用塑料制成的。

（2）工程塑料

工程塑料的性能比通用塑料要强，是能承受一定的外力，具有良好的力学性能的高分子材料，可作为工程结构材料或代替金属制造机器零部件等。例如，聚酰胺（PA）、聚碳酸酯（PC）、ABS树脂等都是工程塑料。工程塑料具有密度小、化学稳定性高、力学性能良好、应力尺寸稳定、电绝缘性优越、加工成型容易等特点，广泛应用于汽车、家用电器、机械、仪器、仪表等工业产品中，同时也应用于宇宙航天、军事等方面。其价格均高于通用塑料。

（3）特种塑料

特种塑料是指具有某些特殊性能的塑料，一般是由通用塑料或工程塑料经特殊处理或者改性获得的，但也有一些是由专门合成的特种树脂制成的，这些特殊性能包括耐热性能高、绝缘性能高、耐腐性高等特点。特种塑料主要包括聚苯硫醚（PPS）、聚砜（PSF）、液晶聚合物（LCP）等。例如，氟塑料和有机硅塑料，有突出的耐高温、自润滑等特殊性能，用玻璃纤维或碳纤维增强的塑料和泡沫塑料具有高强度、高缓冲性等特殊性能，这些塑料都属于特种塑料的范畴。特种塑料种类多，性能优异，价格较贵。

3.3　塑料的基本特性

3.3.1　物理特性

（1）质量特性

塑料是一种轻质材料。普通的塑料密度为$0.83 \sim 2.3 \mathrm{g/cm^3}$，大约是铝材的1/2，钢材的1/5。如果用发泡法得到的泡沫塑料，其密度可以小到$0.01 \sim 0.5 \mathrm{g/cm^3}$。

塑料可运用于汽车制造，据研究表明，汽车每减轻125kg的重量，每升油可多跑1km的路程。汽车自重减少1%，可节油1%；汽车运动部件减轻1%，可节油2%。在国际上，车用塑料用量已成为衡量一个国家汽车产业发展水平的重要标志，塑料正逐渐成为汽车轻量化的最佳材料。

（2）绝缘特性

塑料具有优良的绝缘性能，其相对介电常数为2.0（比空气高一倍），发泡塑料的相对介电常数为$1.2 \sim 1.3$，接近空气。常用塑料的电阻通常在10Ω范围以内，无论是在高频还是在低频，无论是在高压还是低压状态下，塑料均具有很好的绝缘性。因此，塑料被广泛地应用在电机、家用电器、仪器仪表、电子器件等工业产品中。

（3）比强度、比刚度特性

一般的塑料强度比金属低，但是塑料的密度小，所以塑料与大部分金属相比，塑料的比强度（强度与密度之比）、比刚度（弹性与密度之比）相对较高，这也是交通工具类产品大量采用塑料的原因。

因此，在某些要求强度高、刚度好、质量轻的产品领域，如航空、航天领域与军事领域，塑料就有着极其重要的作用。例如，碳纤维和硼纤维增强塑料可制成人造卫星、火箭、导弹的结构零部件。

（4）耐磨性、自润滑特性

塑料的摩擦因数小，所以能够减少摩擦，并具有良好的耐磨擦性能。部分塑料可以在水、油和带有腐蚀性的溶液中工作，也可以在半干摩擦、全干摩擦的条件下工作。因此，用塑料制成的传动零件不但能实现"无噪声传动"，而且还能实现"无油润滑"。

（5）热导特性

一般来讲，塑料的热导率是比较低的，一般为0.17～0.35W/（m·K），相当于钢材的1/75～1/225，如聚氯乙烯（PVC）的热导率仅为钢材的1/357，铝材的1/1250。由于塑料的导热性低、隔热能力强的特点，成为直接接触身体类产品的首选材料。可替代陶瓷、金属、木材和纤维等材料在桌椅类家具、日用水具、家电、餐具、厨具、办公产品、手持通信产品等设计中使用。

（6）透明特性

有些塑料具有良好的透明性，透光率高达90%以上，如有机玻璃、聚碳酸酯等。加上塑料很好的比强度、比刚度，这对于需要透光的产品来说意义重大，它们可替代传统玻璃材料广泛应用于产品设计中，甚至应用在高温高压的航空器、航天器及深海装备产品上。

（7）可塑特性

塑料的可塑性很好，塑料通过加热（温度一般不超过300℃）、加压等手段，即可制成各式各样的产品和管、板、薄膜及各种工业产品的零部件等，并使产品具有良好的精度。如果成型前在材料里加入着色剂，就可以使产品呈现出丰富多彩的颜色。

（8）柔韧特性

有些塑料柔韧如纸张、皮革，而有些塑料经过改性后坚硬如石头、钢材。当受到频繁、高速的机械力振动和冲击时，仍然具有良好的吸震、消声和自我恢复原状的性能。因此，从塑料的硬度、抗拉强度、延伸率和抗冲击强度等力学柔韧性能看，相比于金属等其他材料，塑料的抗冲击强度、减震性能要好得多，这些特性使塑料几乎可以在所有工业产品中使用，如汽车的前后保险杠等。

（9）工艺特性

塑料具有良好的工艺特性，如焊接、冷热黏合、压延、电镀、材料加色或表面着色等。成型工艺简单，产品的一致性好，适合大批量连续生产，生产效率高，并且材料价格低，因此产品成本低。

3.3.2 化学特性

塑料一般都具有良好的化学稳定性，还有很好的抗酸、抗碱、抗盐、抗氧化等化学特性，可制成各种防水、防潮、防透气、防腐的工业产品。

另外，由于塑料优良的化学稳定性，在产品包装方面，已经成为替代产品传统包装材料的主要基材，几乎能用于所有工业产品包装，尤其是食品、药品的塑料包装材料，甚至可用于带有酸碱性的食品，如碳酸饮料瓶、酸奶瓶等的包装上。

3.3.3 塑料的缺陷

① 塑料的自然降解能力弱、降解慢，有些塑料自然降解需要几百到上千年。虽然塑料废弃物可以进行回收再利用，但由于塑料种类众多，需要分类处理，增加了回收工作的难度。现阶段，塑料的再利用率并不高，因此，塑料废弃物主要通过填埋和焚烧的方法处理。而填埋和焚烧对环境是一种危害，给环境造成严重的二次污染。昔日被誉为"白色革命"的塑料，而今却成为造成"白色污染"的罪魁祸首，对土地、河流、大气造成极大的危害。塑料废弃物不易实现自然降解和回收利用的缺点也使它成为环境的"杀手"。

② 塑料成型时不仅收缩率较高，有些可以高达3%以上，而且影响塑料成型收缩率的因素很多，塑件要想获得很高的精准度难度很大，这一点塑料比不上金属。

③ 塑料的耐热性一般都不好，软化温度为100～200℃，塑料的热膨胀系数高，是传统材料的3～4倍。

④ 塑料产品容易老化。一方面，在阳光、氧气、高温等条件的作用下，塑料中聚合物的组成和结构发生变化，致使塑料性质恶化，这种现象称为老化，使其失去使用功能被废弃；

另一方面，塑料在载荷作用下，会缓慢地产生黏性流动或变形，即发生蠕变现象，且这种变形是不可逆的，从而导致产品尺寸精度的丧失。

⑤ 塑料大多可燃，且在燃烧时会产生大量有毒的烟雾。

塑料的这些缺点或多或少地影响或限制了它的应用。但是，随着塑料工业的不断发展和塑料材料学研究的深入，这些缺点正在被逐渐克服，性能优异的塑料和各种复合塑料材料正在不断涌现，为环保产品的开发打下坚实的材料基础。

3.4 设计中常用的塑料材料

产品设计中常用塑料材料及特性如下所述。

3.4.1 热塑性塑料

（1）丙烯腈-丁二烯-苯乙烯共聚物（ABS）

塑料ABS也可以说是聚苯乙烯的改性，有较高的抗冲击强度和很好的机械强度，具有良好的加工性能，可以使用注塑机、挤出机等塑料成型设备进行注塑、挤塑、吹塑、压延、层合、发泡、热成型，还可以焊接、涂覆、电镀和机械加工。

典型的应用领域有：汽车（仪表板、工具舱门、反光镜盒等）、冰箱、烘干机、搅拌器、电话机壳、键盘、儿童玩具、桌椅、高尔夫球手推车以及喷气式雪橇等（图3-3）。

图3-3 ABS制品

（2）丙烯酸酯类橡胶体与丙烯腈（ASA）

就像ABS一样，ASA也可以通过不同的工艺轻松加工，如注塑成型、热压成型、吹塑成型等。它也经常与ABS以及聚碳酸酯（PC）通过共挤的方式来提升它的户外抗腐蚀能力。值得一提的是，它还是如今3D打印的理想材料之一。

ASA一般运用在三个领域：汽车业、建筑业以及户外休闲，如窗户框架、汽车灯底座、户外塑料休闲椅，等等。除了这三个领域，ASA还会被广泛使用于微波炉、吸尘器以及洗碗机中（图3-4）。

图3-4　ASA制品

（3）醋酸纤维素（CA）

CA作为热塑性塑料，非常适合注塑成型、热压成型等铸造工艺。需要特别注意的是，因为其缺少很好的尺寸稳定性，CA无法像很多热塑性塑料那样通过吹塑工艺以及旋转模塑工艺进行加工。

因为它的亲肤性所以被普遍用在"和肌肤靠得很近"的地方，包括牙刷、手持工具、发梳、玩具、游戏卡片、骰子、眼镜框架，等等。当然，因为它具备时尚的质感美，时尚领域也经常用它作出一些很特别的包、皮带、珠宝等服装配饰（图3-5）。

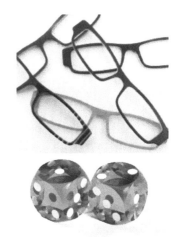

图3-5　CA制品

（4）乙烯-醋酸乙烯酯共聚物（EVA）

作为一个热塑性塑料，EVA可以通过注塑成型、挤塑成型、吹塑成型、热塑成型等进行工艺加工。而且在成型期间，它能保持很好的结构稳定，不会发生任何断裂或无计划的弯曲，这也是为什么它能够在精度上保持得如此好的原因。在颜色调和方面，它也可以一步到位，是一种让人非常放心的材料。

图3-6　EVA制品

在产品上，它是车垫、工具手柄、管道、自行车坐垫、吸尘器软管、医疗设备、制冰格、婴儿奶嘴等的理想材料。EVA和PVC材料因为属性相似有时可以互换使用。知名鞋品牌卡骆驰（crocs）的产品就是用EVA制造而成的（图3-6）。

（5）离聚物树脂（Ionomer Resins）

离聚物树脂可以通过注塑成型、压塑成型、吹塑成型等进行加工，还可以通过树脂改性剂来增加其强度。离聚物树脂也可以通过热压贴合工艺来和玻璃、金属或者自然布料进行贴合。

因为其优异的抗冲击能力，使得离聚物树脂可以适应各种"虐待"，它可以制作成锤子等手持工具或者高尔夫球、狗的磨牙棒，等等。另外，因为其出色的化学抗性以及透明度，它也是理想的玻璃水晶替代品，经常被运用于制作香水瓶盖、灯罩、食品包装，等等。其他的产品，如头盔、鞋子、冲浪板、滑雪板、门把手等也都会用到离聚物树脂这种材料（图3-7）。

图3-7　离聚物树脂制品

（6）液晶聚合物（LCP）

LCP可以用传统的热塑成型技术，适用于制作薄片状复杂外形，这是因为LCP的流动性极佳，注塑成型时，可以制得非常薄的薄膜。

除了纤维，液晶聚合物的一个主要应用是液晶显示器，液态晶体被夹在两块玻璃中间，从而达到显示的目的。另一个应用是电控雾化玻璃，通过电压来控制晶体的排列，工作原理和显示器类似。固态的LCP已经被用在医疗方面来替代不锈钢，因为它耐高温消毒。液态晶体还用在热变色领域，它的表面会随着温度变化呈现不同的颜色（图3-8）。

图3-8　LCP制品

（7）聚酰胺（PA）

因为PA本身黏度不够高，所以它很难被挤压加工，但是，它是注塑成型工艺的理想材料。它可以被制成布料，也可以添加玻璃纤维以全面加强其特性，如果添加塑化剂的话还可以使它的弹性更佳。

PA又称尼龙，是一种塑料。玻璃纤维加强型PA甚至可以代替一些金属，被广泛地运用于家具的结构部分、手持工具以及体育用品等方面。毫无疑问，地毯、布料、乐器中的弦、坐垫等都可以使用它来制作。因为其良好的温度抗性，所以很多时候它也被用来作为袋装加热食品的包装（图3-9）。

图3-9　PA制品

图3-10　PS制品

（8）聚苯乙烯（PS）

PS塑料是一个典型的日用塑料，可以通过注塑成型、热压成型等进行加工。如果想保持PS水晶般的透明度，那么就不可以添加混合物，但是这样PS是比较易碎的（脆性高），如果添加混合物使其牢固度变高的话，相对应地，透明度就会降低。所以在设计的时候需要进行取舍，这也就意味着，完美的透明度和坚固度只能选其一。

由于其便宜的价格以及易于加工的特性，PS是一种被大批量广泛生产并运用的一种塑料，例如，我们日常会使用的一次性餐具、杯子、盘子、食品包装等。PS也会被使用在装饰品、剃须刀、文具或一些玩具上（图3-10）。

（9）苯乙烯二甲基丙烯酸甲酯共聚物（SMMA）

SMMA可采用和其他热塑性材料相同的加工方式：注塑成型、压塑成型和吹塑成型。和其他塑料比起来，能够降低使用的能源以及劳动力，加工时间甚至只是其他透明材料的50%，大批量生产效率非常高。它也可以用加热板、超声波等焊接。

SMMA最大的应用市场是要求净度、韧性以及复杂形状的领域，如造型复杂的香水瓶盖、厨房用具、水杯、滤水壶、衣架，以及医疗用品（图3-11）。

图3-11　SMMA制品

（10）聚甲基丙烯酸甲酯（PMMA）

粒状的PMMA又称亚克力，是多样性的热塑性塑料，可以通过注塑成型、热压成型等进行加工，也可制成各种半成品棒材、管材和片材等。

PMMA最早的商业化用途是在第二次世界大战时期，用来制作歼击机的驾驶舱遮罩。而如今，除了运用于颜料和织品上外，还可制成亚克力的半成品管材、片材，常常被运用到餐具家具、玻璃装配以及室内隔屏中（图3-12）。

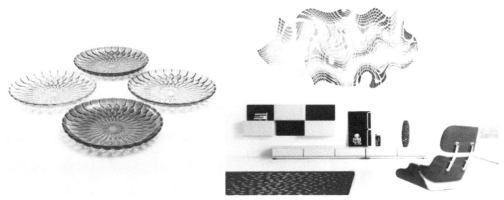

图3-12　PMMA制品

（11）聚丙烯（PP）

PP塑料是一个典型的日用塑料，可以通过各种工艺处理加工，如注塑成型、热压成型、发泡成型等。对于PP薄片可以进行冲切、折叠或弯曲。另外可以加入一些填充物（如玻璃纤维或矿物质）来增加它的坚固程度。

典型的应用领域有：汽车工业（主要使用含金属添加剂的PP：挡泥板、通风管、风扇等），机器部件（洗碗机门衬垫、干燥机通风管、洗衣机框架及机盖、冰箱门衬垫等），日用消费品（保鲜袋、防水布、喷水器等），耐用消费品（汽车、家电、地毯、桌椅、砧板等），如图3-13所示。

图3-13　PP制品

（12）热塑性弹性体（TPE）

TPE可以用标准的注塑成型、压塑成型、吹塑成型等方式加工制造。注塑成型在TPE的加工中格外重要，因为大多数TPE产品都运用这种成型方法，使用最为广泛。TPE可以通过调整原料比例来调整不同等级的硬度。也可以加入传统的热塑性材料改善其耐冲击强度。

TPE目前是生产数据线的主流原料，完美应用在电子设备配件上（数据线、耳机线、音频线等），其他还运用于各类工具产品的把手、模拟钓饵、玩具、运动手表等（图3-14）。

图3-14　TPE制品

（13）聚氯乙烯（PVC）

生产多样化是PVC使用如此广泛的原因之一。除了挤出成型、旋转成型、注射拉伸成型、吹塑成型之外，也可使用浸渍成型加工。不同用量的塑化剂可在成型的过程中赋予它弹性。片材形式的PVC也适用超声波焊接。

典型的应用领域为：供水管道、家用管道、房屋墙板、商用机器壳体、电子产品包装、医疗器械、食品包装、凉鞋、拖鞋、玩具、汽车配件、包装袋、雨衣、桌布、窗帘、时尚手包等（图3-15）。

（14）聚乙烯（PE）

如同其他商业热塑性塑料一样，PE几乎可以通过任何一种方式加工。它应用最多最广的加工方式为旋转成型和吹塑成型。

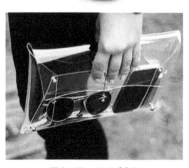

图3-15　PVC制品

大部分儿童玩具都是由HDPE（高密度聚乙烯）制成的，其他多应用在厨具产品、电线绝缘体、汽车油箱、家居产品以及特百惠产品中（图3-16）。

3.4.2 热固性塑料

（1）三聚氰胺-甲醛树脂（MF）

MF是三聚氰胺与甲醛聚合所制成的，所以有树脂的加工特性。注塑成型、压塑成型和吹塑成型都是其主要的加工方式。与许多热塑材料不同，它可以模塑出不一致的壁厚。

MF的耐热性让它成为烟灰缸、锅把手、风扇罩、纽扣、餐具等产品的完美设计材料。它绝佳的硬度以及耐化学性，使得它能够耐刮磨以及不染色（图3-17）。

图3-16　PE制品

图3-17　MF制品

（2）聚氨酯（PUR）

如果是发泡材料的热固性材料，只能通过注塑成型的方式生产。而对于TPU（热塑性聚氨酯橡胶）则可适应各种生产方式，包括注塑成型、压缩成型、挤出成型以及喷雾成型。

聚氨酯发泡材料在建筑中作为绝缘材料使用，并且它可以以不同形式作为家居的缓冲材料和床垫。橡胶形式的聚氨酯经常运用于脚轮的滚轴、弹簧以及减震器。另外，还用在鞋子、手机壳、织品涂料以及家居家具产品中（图3-18）。

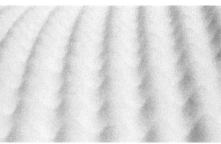

图3-18　PUR制品

（3）硅树脂

硅树脂可以通过注塑成型、压塑成型、吹塑成型以及旋转成型加工制造，也可作为印刷油墨使用。

硅树脂的用途主要由它的特性所决定。它可以制成浴室密封胶；也可作为织品印刷油墨的基底，即使拉伸也不会开裂；高温下使用的厨房用品，如巧克力模具；医疗行业常用的假肢甚至人造器官等。因为它除温暖亲肤外还有防滑的属性，所以在很多手持产品中也经常出现（图3-19）。

图3-19　硅树脂制品

3.4.3 泡沫塑料

（1）发泡聚苯乙烯（EPS）

EPS的生产方式是将小的聚苯乙烯珠利用蒸汽和正戊烷发泡到40倍大，在最后阶段用蒸汽将材料射到模具中。聚苯乙烯与聚丙烯相比，密度、弹性和强度都小一些。EPS也可以用挤出成型和热成型的方法制造出不同需要的形状。

几年前常见的发泡聚苯乙烯产品就是一次性饭盒等一次性产品，但是目前这类产品已经逐渐被纸制品替代。还有一种常见的用途就是包装了，保护内部产品不被撞着或磕着。除此之外，在建筑中EPS也被大量使用，在很多国外的建筑设计中也时常出现它的身影。值得一提的是，因为其易于加工，所以也是制作设计模型的必备材料之一（图3-20）。

图3-20　EPS制品

（2）发泡聚丙烯（EPP）

由于EPP各项性能都非常好，所以相对于EPS，它的使用范围更广泛。除了高质量包装之外，冲浪板、头盔内部骨架、汽车防撞零件、一些户外座椅的内部材料，以及各类高质量玩具等都运用到了EPP。除此之外，它还被用于建筑等领域作为噪声隔离的利器（图3-21）。

图3-21　EPP制品

3.5　塑料的成型工艺

3.5.1　注塑成型

图3-22　注塑成型制品

注塑成型又称注射模塑成型，它是一种在一定温度下，通过螺杆搅拌完全熔融的塑料材料，用高压射入模腔，经冷却固化后得到成型品的方法。

注塑成型方法的优点是生产速度快、效率高，可实现自动化操作，而且制品尺寸精确，产品易更新换代，能制成形状复杂的制件。注塑成型适用于大量生产与形状复杂产品等成型加工领域（图3-22）。

3.5.2　挤出吹塑成型

挤出吹塑是吹塑成型中应用最多的一种方法，可以加工的范围很广，从小型制品到大型容器及汽车配件、航天化工制品等（图3-23）。

3.5.3　注射拉伸吹塑成型

目前，注射拉伸吹塑技术应用比注射吹塑更为广泛，这种吹塑方法实际也是注射吹塑，只不过增加了轴向拉伸，使吹塑更加容易并降低能耗。注射拉伸吹塑制品的体积比注射吹塑要大一些，吹制的容积在0.2～20L（图3-24）。

图3-23　挤出吹塑成型制品

图3-24　注射拉伸吹塑成型制品

3.5.4 注射吹塑成型

　　注射吹塑是综合了注射成型与注射拉伸吹塑特性的成型方法，精度和成本介于挤出吹塑和注射拉伸吹塑之间，目前主要应用于吹制精度要求较高的饮料瓶及药瓶等一些小型的结构零件，如3~1000mL的空心容器（图3-25）。

图3-25　注射吹塑成型制品

3.5.5 压塑成型

　　压塑成型发明于1920年，它代表人类开始掌握塑料加工的工艺，也是制造热固性塑料的代表工艺。

　　压塑成型是塑料或橡胶胶料在闭合模腔内借助加热、加压而成型为制品的塑料加工方法。一般是将粉状、粒状、团粒状、片状和制品相似形状的料坯放在加热模具的型腔中，然后闭模加压，使其固化或硫化并成型，再经脱模获得制品。

该方法特别适用于热固性塑料的成型加工，适合绝缘、绝热、耐腐蚀的产品部件的生产（图3-26）。

图3-26　压塑成型制品

3.5.6　旋转成型

旋转成型又称滚塑成型、回转成型等，是一种热塑性塑料中空成型的方法。

该方法是先将塑料原料加入模具中，然后模具沿两垂直轴不断旋转并将其加热，模内的塑料原料在重力和热能的作用下，熔融、逐渐均匀地涂布黏附于模腔的整个表面上，成型为所需要的形状，再经冷却定型，成为制品（图3-27）。

图3-27　旋转成型制品

3.5.7　真空热成型

真空热成型又称吸塑，是一种塑料加工工艺，主要原理是将平展的塑料硬片材加热变软后，采用真空技术吸附于模具表面，冷却后成型，广泛用于塑料包装、灯饰、装饰等方面（图3-28）。

图3-28　真空热成型制品

3.6　塑料的焊接工艺

　　塑料的焊接就是指热塑性塑料的焊接。选择哪种焊接工艺在制品的设计应用中，要根据材料与制品工艺的实际情况进行考虑，因为焊接方法对制件设计有一定的要求，并且不同焊接方法之间也存在着明显差别。热塑性材料的焊接通常为以下几种类型：超声焊接、振动焊接、旋转焊接、电磁焊接、激光焊接等。

3.6.1　超声焊接

　　焊接热塑性制件的过程中，最普通的方法就是超声焊接。这种方法是采用低振幅、高频率（超声）振动能量使表面和分子摩擦，从而产生焊接相连件之间塑性制品所需的热量（正弦超声振动）。超声焊接在20～50kHz的频率范围内发生，其一般振幅范围为15～60μm。在小于等于15kHz（较高振幅）的声频时，则应用于较大的塑料制品或较软材料。焊接过程通常在0.5～1.5s发生。

　　超声焊接设备通常用来焊接中、小尺寸的热塑性塑胶制件，而大型的塑料制品可用多点焊接方式。超声焊接方法可根据焊接时间或焊缝位置（塌陷距离）或焊接能量进行控制，同时也对焊接压力和冷却时间提供附加控制。如图3-29所示为超声焊接机。

3.6.2　振动焊接

　　振动焊接其本质就是指通过摩擦产生能量，以达到焊接的过程。在振动焊接过程中，被焊接的塑料制品在压力下摩擦到一起，直到生成的摩擦和剪切热量使焊接面达到充分熔融的状态。当熔融膜通过振动形成渗入到足够深的

图3-29　超声焊接机

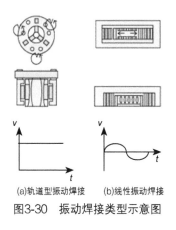

(a)轨道型振动焊接　(b)线性振动焊接

图3-30　振动焊接类型示意图

焊接区域时，此时相对运动停止，在压力作用下焊缝冷却并固化。振动焊接适用几乎所有的热塑性塑胶，往复运动方向上具有允许的无约束运动焊缝的塑料制品、中型或大型制品。

振动焊接根据振动类型的不同，可分为轨道型振动焊接与线性振动焊接两类，如图3-30所示。轨道型振动焊接可连接焊区尺寸与焊区到旋转轴的距离近似相等的制件；线性振动焊接用在允许一个方向上线性振动的成套制件上。线性振动是左右方向振动，轨道型振动则是小圆形的振动。因焊接面相对时间轴的速度是一定的，因此轨道型振动可得到均一的焊接面。

振动焊接尤其适合焊接热塑性材料，包括无定形树脂，如ABS/PC、PVC、PMMA及PES（聚醚砜树脂）；半结晶树脂，如HDPE、PA、PP、TPO（聚烯烃类热塑性弹性体）。DUKANE的振动摩擦焊接机可接合汽车部件，例如进气歧管、仪表板、尾灯及保险杠等；还可用于家电中，如洗碗机的泵及喷水臂、洗涤剂的喷洒器及吸尘机外壳。

3.6.3　旋转焊接

旋转焊接通常用来连接具有旋转对称结合表面的制品，它属于摩擦焊接工艺，是连接不同大小的圆柱形热塑性塑胶制件的最有效的工艺。用旋转焊接技术组装的制品常常具有与周边的连接板垂直等特征，旋转焊接对透射性能不好的材料特别合适，如图3-31所示，旋转焊接工艺用的典型接头结构。

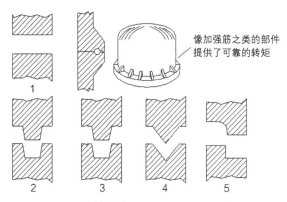

像加强筋之类的部件提供了可靠的转矩

图3-31　旋转焊接工艺用的典型接头结构

1—对接接头；2—槽舌接合；3—带收集器的T、G接合；4—斜坡接合；5—剪切接合

3.6.4 电磁焊接

电磁焊接是指利用能达到熔化温度的电感能量连接热塑性制件的方法，也被称作特种插入焊接，此间磁致旋光聚合插入物被一个高频电磁场加热。

焊接材料一般是磁致旋光的填充聚合物，它是由和制品材料相同的聚合物或相容的聚合物制造的。这种强磁性填充聚合物包括细分散的、微米尺寸的铁粒子、氧化铁粒子、不锈钢粒子或其他磁性物质，它们成为电磁能的吸附体。实际中最常用的接头是槽纹接头和Z形接头。电磁焊接的典型接头结构如图3-32所示。

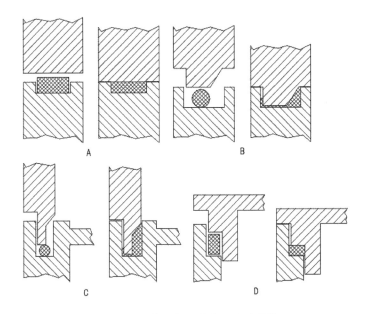

图3-32　电磁焊接的典型接头结构
A—平型到槽纹接头；B—舌状到槽纹接头；C—剪切接头；D—Z形接头

3.6.5 激光焊接

激光焊接适合于将片材薄膜和成型热塑性塑料焊接。焊接时，激光机发出强烈的辐射光束（通常位于电磁光谱的红外线区），集中于待接缝的材料表面。这样，就在分子中产生了共振频率，令周边材料温度升高。

激光焊接是一种大批量生产工艺，其优点在于不产生振动，可将弧光灼伤降低到最低限度。另外，光束强度可控，可尽量避免部件变形或受损，激光光束集中，便于接缝准确成型。这种工艺属非接触式工艺，既清洁又卫生。

激光焊接适用于单次焊接及连续焊接，焊接速度根据聚合物吸收率而定。激光焊接设备如图3-33所示。

图3-33　激光焊接设备

3.7　案例　可以吃的100%有机材料塑料袋

印度EnviGreen公司发明了一种100%有机材料塑料袋，由土豆、木薯、玉米、天然淀粉、植物油、香蕉等原料制作，整个制造过程不使用任何的化学用品，连袋子上的油墨也是100%有机产品，泡在水里一分钟即可溶解。甚至可以稍微加工一下吃掉，例如，把它放入沸水中，15s即不见踪影，把汤喝掉，还很有营养呢（图3-34）。

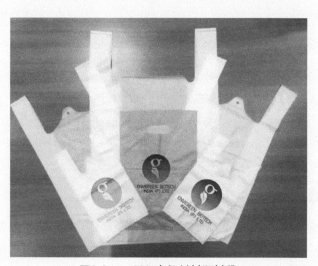

图3-34　100%有机材料塑料袋

第**4**章

金属及其工艺

4.1　金属的概述

金属的生产和使用，开创了人类文明的新篇章，人类最早利用的是天然金属，如铜、金、铁等，但天然金属十分稀少，在人们掌握了冶炼技术以后，金属对社会生产产生了重要影响。

18世纪欧洲的产业革命提出了对所有金属加工精度的要求，这是金属领域飞跃发展的时代。工业化使得钢铁需求与日俱增，以德国高炉的大型化为例，1861年使用的是每天25t规模的炉，到了1910年高炉的规模量激增到每天使用400t。

在这之后，各种非铁金属类，例如铝、铝合金、锰、钛等都逐渐实现工业化生产，人类迈入轻金属开发时代。

4.2　金属的基本特性

4.2.1　金属材料的一般特性

金属材料是指由纯金属或合金构成的材料，呈微小的晶体结构，具有金属光泽，是热和电的良好导体，具有优良的力学性能（强度、韧性和塑性等）和优良的可加工性能（压力加工、焊接和铸造等）。

（1）金属材料的特性

金属材料的特性是由金属结合键的性质所决定的，表现在以下几个方面。

① 金属材料几乎都是具有晶格结构的固体，由金属键结合而成。

② 金属材料是电与热的良导体。

③ 金属材料表面具有金属所特有的色彩与光泽。

④ 金属材料具有良好的延展性。

⑤ 金属可以制成金属间化合物，可以与其他金属或氢、硼、碳、氮、氧、磷与硫等非金属元素在熔融状态下形成合金，以改善金属的性能。合金可根据添加元素的多少，分为二元合金、三元合金等。

⑥ 除了贵金属之外，几乎所有金属的化学性能都较为活泼，易于氧化而生锈，产生腐蚀。

（2）金属材料的优缺点

① 金属材料的优点　金属的导热、导电性能好，能很好反射热和光。由于金属硬度大、耐磨性好，因而可以用于薄壳构造。很多金属可以铸造，富有延展性，因此，可以进行各种加工。由于不易污损，易于保持表面的清洁。金属制品还能和其他材料搭配，发挥装饰效果和进行精美的加工。

② 金属材料的缺点　金属的密度比其他材料大，有的金属易生锈。由于金属是热和电的良导体，因此，绝缘性方面则较差。虽然具有特有的金属色，但缺乏色彩。此外，各种加工所需的设备和费用，比塑料和木材花费要大。

综上所述，金属既有优点，也存在缺点，因此，必须充分认识金属的性质从而有效利用。

4.2.2 金属材料的力学性能

金属材料的力学性能是指金属材料在外力作用下所表现出来的特性，分为以下几种。

① 强度　强度指材料在外力（载荷）作用下，抵抗变形和断裂的能力。

② 屈服点　也称作屈服强度，指材料在拉伸过程中，材料所受应力达到一临界值时，载荷不再增加，变形却继续增加。

③ 抗拉强度　也叫作强度极限，指材料在拉断前承受的最大应力值。

④ 延伸率　指材料在拉伸断裂后，总伸长与原始标距长度的百分率。

⑤ 断面收缩率　指材料在拉伸断裂后，断面最大缩小面积与原载面积的百分率。

⑥ 硬度　指材料表面抵抗其他更硬物压力的能力。

⑦ 冲击韧性　指材料抵抗冲击载荷的能力。

4.2.3 金属材料的工艺性能

金属材料的工艺性能指金属材料承受各种加工、处理的性能，分为如下几种。

① 铸造性能　指金属或合金是否适合铸造的一些工艺性能，主要包括：流性能，即充满铸模的能力；收缩性能，即铸件凝固时体积收缩的能力。

② 焊接性能　指金属材料通过加热或加热同时加压焊接的方法，把两个或两个以上金属材料焊接到一起，接口处能满足使用目的的性能。

③ 顶锻性能　指金属材料能承受顶锻变形而不破裂的性能。

④冷弯性能　指金属材料在常温下能承受弯曲而不破裂的性能。

⑤冲压性能　指金属材料承受冲压变形加工而不破裂的能力。

⑥锻造性能　指金属材料在锻压加工中能承受塑性变形而不破裂的能力。

4.3　金属的分类

金属可分为三大类，即黑色金属、有色金属和特种金属。

4.3.1　黑色金属

黑色金属为工业上对铁、锰和铬三种金属和其合金的统称。

与黑色金属相对应的是有色金属。很多人经常误以为黑色金属一定是黑色的，其实不然，纯铁是银白色的、锰是灰白色的、铬是银白色的。在现实生活中，铁的表面经常会生锈，覆盖着一层黑色的四氧化三铁与棕褐色的氧化铁的混合物，看上去就是黑色的，所以被称为"黑色金属"。常说的"黑色冶金工业"，主要是指钢铁工业。锰和铬最常见的是以合金钢即锰钢和铬钢的形式，所以人们将锰与铬视为"黑色金属"。

铁、锰、铬这三种金属都是冶炼钢铁的主要原料，而钢铁在国民经济中占有非常重要的地位，其年产量的多少是衡量一个国家国力的重要标志。黑色金属的产量约占世界金属总产量的95%，因而既是最重要的结构材料和功能材料，也是工业产品中应用最广和首选的材料。

黑色金属主要包括以下几种。

（1）铁（Fe）

铁的熔融温度相对较低，这使其适合大规模生产，从小的一次性的熟铁片到使用铸造方法生产零部件的大批量生产。作为一个比较脆的材料，在生产过程中特别要注意的是要避免会使铁断裂的薄剖面或尖角。

铁可用于任何能够推动工业发展的领域，如桥梁、建筑（埃菲尔铁塔就是由熟铁构成的）、交通运输等，现在它还用于工艺品、椅子、烹饪锅具、井盖等（图4-1）。

图4-1 铁的应用

（2）铬（Cr）

铬最广泛的使用就是镀铬，电镀是加工它的主要形式。镀铬分为两种主要的形式，一种是在产品表面镀一层很薄的铬，这种方式只是为了增加产品的装饰性，而这种方式也被运用得最广泛；另一种方式就是镀一层稍厚一些的铬，称为镀硬铬，一般这种方法多运用在工业器械中，主要是为了减少器械间的摩擦磨损。

装饰性镀铬几乎应用于整个汽车，如车门把手、保险杠、汽车格栅、内饰等都有镀铬的身影。另外，在家具、卫浴、自行车等部件中也多会出现它的身影。它作为合金运用更是广泛，它与钒钢组合可以制造出扳手类五金工具；它和镍金属组合可以制作火花塞的电极。然而，如今越来越多的制造商开始避免使用这种金属，因为在加工铬的过程中会产生对人体有危害的毒气（图4-2）。

图4-2 铬的应用

（3）铸铁

铸铁是指含碳量在2%以上的铁碳合金。工业用铸铁一般含碳量为25%～35%。碳在铸铁中多以石墨形态存在，有时也以渗碳体形态存在。除碳之外，铸铁中还含有1%～3%的硅，以及锰、磷、硫等元素。合金铸铁还含有镍、铬、钼、铝、铜、硼、钒等元素。

铸铁有如此广泛用途，主要是因为其良好的流动性，以及它易于浇铸成各种复杂形态，且具有成本低廉、铸造性能和使用性能高的特点。

如今许多设计师将生产砂模浇铸材料的传统工艺运用到其他更新、更有趣的产品领域中，更好地造福人类。

铸铁是现代机械产品制造业中重要并且常用的结构材料，广泛应用于建筑、桥梁、工程部件、暖气散热片、公共与庭院家具，以及厨房用具、产品底座等。

（4）钢

钢是对含碳量为0.02%～2.11%的铁碳合金的统称。

退火是钢材加工的主要方式之一，是指通过加热的方式降低钢的硬度，使其变得柔软。除此之外，钢材还可以进行铸造、机加工、轧制、挤压、冲压成型，以及用其他和金属成型相关的加工方式进行加工。

碳素工具钢经热处理后可获得高硬度和高耐磨性，主要用于制造各种工具、刀具、模具和量具产品。碳素钢由于价格便宜，加工制造方便，是金属产品设计中广泛使用的材料。由于耐腐蚀性较差，极易在空气中生锈，因此碳素钢产品一般都要对表面进行防腐处理，如涂饰、电镀、表面改性等（图4-3）。

图4-3　钢的应用

（5）合金钢

合金钢是为了提高钢的整体力学性能和工艺性能，或者为了获得一些特殊的性能，以碳钢为基础，有目的地添加一定含量金属元素而得到的钢种。根据添加元素不同，采取适当的加工工艺，可获得具有高强度、高韧性、耐磨、耐腐蚀、耐低温、耐高温、无磁性等特殊性能的合金钢。

合金钢常用于制造承受复杂交变应力、冲击载荷或在摩擦条件下工作的工件，以及高温、腐蚀环境中的产品等。

（6）不锈钢

对比其他钢类材料，不锈钢在加工上相对多样一些，它可以被弯折、锻造、拉伸以及卷曲，也正因为这样，不锈钢才能被很好地使用在大批量生产的产品中。值得一提的是，虽然有些级别的不锈钢容易被机加工，但是大多数一般的不锈钢金属因为其优良的硬度很难被机加工（等同于冷加工）。

不锈钢被广泛地使用在拥有腐蚀风险以及高热的环境中，所以也就不难理解为什么不锈钢在厨房用具中被经常使用，除此之外，建筑、引擎制造、纽扣、生产工具等都会见到不锈钢的身影。还有一点比较有趣的是，不锈钢还可以去除肌肤上的气味，将其制造成鹅卵石形状作为肥皂来清洁肌肤（图4-4）。

图4-4　不锈钢的应用

4.3.2 有色金属

有色金属，狭义的有色金属又称为非铁金属，是铁、锰、铬以外的所有金属的统称。广义的有色金属还包括有色合金。有色合金是以一种有色金属为基体（通常大于50%），通过添加一种或几种其他元素而构成的合金。

图4-5　黄铜的应用

4.3.2.1 重金属

重金属一般密度在4.5g/cm³以上，如铜、镍、锌等。

（1）黄铜

黄铜主要成分为铜。

黄铜可以用非常多的方式铸造，主要包括砂型铸造以及拉模铸造。除此之外，锤锻、挤压成型、机加工、冲压成型、模压等都可以在黄铜这种金属材料上应用。但是，由于黄铜中的锌的独特属性使得焊接变成了不可能。

黄铜合金运用极其广泛，如电源插头、灯泡接头、齿轮、家居用品、乐器等。值得一提的是，医疗设备也经常会出现黄铜的身影，因为其具备优异的抗菌性能（图4-5）。

（2）锌

压铸（又称拉模铸造）是锌合金加工的主要领域之一（类似于塑料的压模），另一个可以应用的新生产领域是旋模（类似于塑料加工的旋转成型工艺，所以称锌为可替代塑料的金属）。在表面装饰部分，锌可以电镀、上漆和阳极抛光。

除了作为抗腐蚀性的镀锌钢之外，锌的合金铸件可以用来生产青铜合金。很难在市场中发现纯用锌制造的产品，通常要么是合金要么就是上了涂层，例如开瓶器往往是锌合金制造，但镀上了镍。锌合金常用于制作精细和复杂的产品，如首饰、门把手、厨卫用具、学习用品、键盘按键等（图4-6）。

图4-6　锌的应用

（3）镍

合金的制作过程视合金对象而定，但是一般而言，金属常见的金属铸造工艺、机加工工艺（等同于冷加工）、金属冲压工艺都是镍合金加工的常用方式。

镍的主要用途无疑就是作为合金元素，如弹簧、镍铬电池以及超弹性合金。超弹性合金比较常见，如眼镜框架、牙套、珠宝、硬币等。镍也广泛用于电镀，多用于易磨损、易生锈环境。它也在各类高温环境金属产品中发挥着巨大的作用（图4-7）。

图4-7　镍的应用

4.3.2.2 轻金属

轻金属的密度小（$0.53 \sim 4.5\text{g/cm}^3$），化学性质活泼，如铝、镁等。

铝非常容易被一次加工成型，大批量生产对于它来说也完全没有问题。加工铝的工艺方法包括拉伸工艺、金属铸造工艺、机加工（等同于冷加工）工艺、金属冲压工艺等。

铝合金最突出的贡献，是交通运输业，比如著名的空客A380的巨大机翼，就完全由铝合金打造（图4-8）。

图4-8　铝的应用

4.3.2.3 贵金属

贵金属在地壳中含量少，提取困难，价格较高，密度大，化学性质稳定，如金、银、铂等。

（1）黄金

和其他金属一样，黄金可以用多种技术进行铸造，也可以使用电镀工艺镀金。黄金能被锤薄、编织成金线，还可以做成金叶子。

除了用作首饰及表面装饰外，金合金被应用于牙齿修整；在电子工业的触点和连接器上，当白银和铜不能达到抗腐蚀要求时，可以使用黄金作为镀层；生物医学和纳米技术领域主要利用黄金的抗腐蚀性，作为植入人体的材料；黄金还可用作玻璃涂层来减少热辐射（图4-9）。

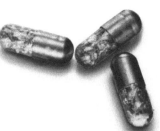

图4-9　黄金的应用

图4-10　银的应用

（2）银

非常好的延展性、可锻性，使银这种金属成为世界上最广泛的珠宝设计原材料，它非常容易被冷加工、热处理、挤压成型以及各种锻造，最典型的就是失蜡铸造。

银主要运用在珠宝设计行业、工业制造行业以及摄影行业，它拥有所有金属都比不上的导电性，这也使得它经常被用来制作焊接剂。其优异的光反射率也使得它的化合物常用来制作成胶卷（图4-10）。

（3）铂

铂可以露天开采，但是大多都是在地下开采，并且需要很大的劳动力，矿工必须先钻孔，然后用炸药爆炸才能得到矿石，难以获得是其价值高昂的原因。和银一样，铂也可以进行冷加工、拉模铸造、真空铸造以及失蜡成型。

大家最熟悉的用途是制作珠宝，不过这方面只占了铂用途的38%。铂有许多工业上的应用，如触媒转换器。铂因为硬度高，所以多用于钢笔的制造。高耐热和高传导性使它成了飞机火花塞最合适的材料。因为铂合金的抗化学性和抗腐蚀性特别高，所以也是刮胡刀以及一些工业零件的常见涂料。生物相容性让其可以运用在补牙材料以及外科手术中。在电脑硬盘中，铂也普遍存在，目的是强化磁性，可存储更多数据，因为铂金属较为昂贵，所以硬盘容量越大价格也越贵（图4-11）。

图4-11　铂的应用

4.3.2.4 稀有金属

如钨、钼、钛、锂、镧、铀等为稀有金属。

（1）钛

钛就像很多金属一样，冷热加工皆可。然而钛在加工成型过程中，一般会因为其低延展性以及低弹性而出现一些问题，可以通过提升温度加工很好地解决这些问题。值得注意的是，虽然钛是可以被焊接的，但是实际操作起来是非常困难的（相对于其他可焊接金属）。

95%的钛都被加工提取为二氧化钛颜料（钛白粉）进行使用（白色颜料的主要来源），只有剩下的5%是被用来制成成型产品的。它可以被用来加工制作成人类的义肢或者植入体内代替人类的骨骼。也可以用来制作航空航天机体、消费电子产品，以及建筑上也会有钛的身影。在产品上附上一层氮化钛则可以避免尖锐的东西对其造成划痕或伤害，而这种应用会使钛的颜色由原来的暗灰色转变成亮金色。

想象中金属质地的水壶是非常坚硬的，而KEEGO通过材料的创新，制造了世界上首款有弹性、可挤压的钛金属运动水壶，一体成型确保了瓶身良好的张力，因此当挤压时不会产生死角，松开后里面恢复原形（图4-12）。

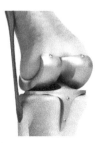

图4-12　钛的应用

图4-13　钕的应用

（2）钕

钕已成为战略物资，全球97%的钕来自中国，主要产自内蒙古自治区的单一矿产，钕被限制出口。

钕通常用于磁体，钕磁是由烧结或黏结磁体工艺制成的，用途很广。丰田普锐斯的发动机是永磁电机，每部大约需要1kg的钕，钕还可以应用于永磁风力发电机。钕还有减少玻璃眩光的能力，用于汽车车窗以降低反射率。其还用于节能灯泡的玻璃，钕的光谱特性用在玻璃上时，可改善电视屏幕的颜色。在移动电话中可用钕来实现振动功能，以及用作听筒磁铁。有种钕的衍生品呈玻璃状，在不同的照明条件下颜色会发生变化，这种玻璃在自然光或黄色人造光下呈淡紫色，在荧光和白光下呈蓝色（图4-13）。

4.3.2.5 有色合金

有色合金的强度和硬度一般比纯金属高，电阻比纯金属大，电阻温度系数小，具有良好的综合力学性能。常用的有色合金有铝合金、铜合金、镁合金、锡合金、钛合金、锌合金等，下面主要以铝合金和镁合金为例来讲解。

（1）铝合金

铝合金是以铝为基本元素的合金总称，是三大轻质合金之一，主要合金属元素有铜、硅、镁、锌、锰等。

为突出产品的质感，铝合金常被用于产品设计中。铝合金还可以作为飞机的主要结构材料，飞机上的蒙皮、梁、肋、桁条、隔框和起落架都可以用铝合金制造，飞机的用途不同，铝的用量也不一样，如波音767客机采用的铝合金约占机体结构重量的81%。另外，各种人造地球卫星和空间探测器的主要结构材料也都是铝合金（图4-14）。

图4-14　铝合金的应用

（2）镁合金

镁是地球上储藏量最丰富的金属之一，它也是海洋中最丰富的元素，仅次于钠。

镁和锌一样是最容易塑造出复杂形状的金属，在这方面，只有塑料可与之媲美。可采用各种铸造成型法，包括拉模铸造、真空铸造以及失蜡成型等，铸造时必须注意避开锐角，因为镁对于力的集中非常敏感。冷加工对于镁来说效果通常不佳，因为镁的强度关系，所以越加工硬化得厉害，换句话说，当它变形度增加时硬度也会随着提高，最后导致很难加工。镁可以焊接，也可用阳极处理强化表面。

汽车行业是镁合金使用频繁的领域（汽车制造通常是铝合金+镁合金）。除此之外，它也在自行车运动中产生了很大的影响，镁不仅重量轻、耐用，而且比铝更坚固，还吸收了16倍以上的冲击和振动，使其成为具有极高竞争力的运动工具的理想金属。镁合金的应用如图4-15所示。

图4-15　镁合金的应用

4.4 金属的成型工艺

4.4.1 扭轴成型

扭轴成型是金属折弯工艺中的一种，用于小角度的折弯成型工艺。建筑师与家居设计师最善于利用金属折弯工艺，尤其是金属管材的折弯技术，制造出所需的形态。它的出现很大程度上省去了某些金属部件的切割焊接工序，减少了材料浪费与制造成本（图4-16）。

图4-16 扭轴成型的产品

4.4.2 砂模铸造成型

砂铸成型是指用砂子制造铸模的方法。钢、铁和大多数有色合金铸件都可用砂模铸造方法获得。由于砂模铸造所用的造型材料价廉易得，铸型制造简便，对铸件的单件生产、成批生产和大量生产均能适应，长期以来，一直是铸造生产中的基本工艺（图4-17）。

图4-17 砂模铸造成型的产品

4.4.3 折弯成型

　　金属板材的弯曲和成型是在弯板机上进行的，将要成型的板材放置在弯板机上，用升降杠杆将制动片提起，工件滑动到适当的位置，然后将制动片降低到要成型的板材上，通过对弯板机上的弯曲杠杆施力而实现金属的折弯成型（图4-18）。

图4-18　折弯成型工艺

4.4.4 滚轧成型

　　滚轧成型通过滚筒的相对滚动进行成型加工，是一种无切屑加工，是一种将金属带状板材经过数次滚轧，最终形成具有多边形截面的金属条状零件的工艺，每小时生产长度达4500m（图4-19）。

图4-19　滚轧成型工艺

4.4.5 钣金打型

　　钣金打型是一门综合工艺（包括精轧、锤击等），完全由经验丰富的操作人员手工操作，结合焊接技术，基本可以制造任何形态（图4-20）。

图4-20　钣金打型的产品

4.4.6 拉模铸造

拉模铸造是极为精确的金属成型工艺，通过高压将熔化的液态金属注入钢模内，可以制造出具有复杂形状的金属件（图4-21）。

图4-21　拉模铸造的产品

4.4.7 失蜡成型

失蜡成型又称脱蜡法，是一种少切削或无切削的精密铸造工艺，中国古代在青铜铸造上已经使用这种方法，现代的精密铸造中称为熔模精密铸造。铸件可以由蜡模本身倒模进行铸造产生，称为直接方法，或模型的蜡版制成，称为间接方法。使用直接方法每个原始模型只能铸造一个铸件，而间接方法则可以制造多个铸件。

失蜡成型工艺应用非常广泛，它不仅适用于各种类型、各种合金的精密铸造，而且生产出的铸件尺寸精度、表面质量比其他精密铸造方法要高，其他精密铸造方法难于铸得的复杂、耐高温、不易于加工的铸件，均可采用失蜡铸造（图4-22）。

图4-22　失蜡成型的产品

4.4.8 旋压成型

旋压成型技术作为一种先进的工艺加工方法与我国古代的陶瓷制坯作业相似，据文献记载，我国远在殷商时代就已采用旋压成型技术制作陶瓷制品，至今我国陶瓷器的加工仍保留了旋压成型技术的特点。这种制陶工艺发展到约十世纪初就孕育出了金属普通旋压成型工艺，当时将金属（如银、锡和铜等）薄板旋压成各种瓶、罐、壶和盘等容器（或装饰品）。我国唐代银碗的表面有旋压痕迹，这充分表明金属普通旋压成型技术可追溯到唐代。这项技术，13～14世纪先传到欧洲，1840年前后，旋压成型技术又由约旦传到美国。

旋压成型是综合了锻造、挤压、拉伸、弯曲、环轧、横轧和滚压等工艺特点的少、无切削的先进加工工艺，广泛地应用于回转体零件的加工成型中。旋压成型是根据材料的塑性特点，将毛坯固定在芯模上并随之旋转，选用合理的旋压工艺参数，旋压工具（旋轮或其他异型件）与芯模相对连续地进给，依次对工件的极小部分施加变形压力，使毛坯受压并产生连续逐点变形，从而逐渐成型的一种先进塑性加工方法（图4-23）。

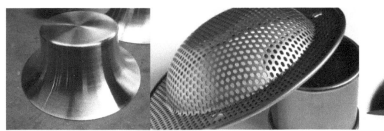

图4-23　旋压成型的产品

4.4.9 冲压成型

金属冲压成型是一种金属冷处理的加工方法，又被称为冷冲压或板料冲压，借助冲压设备的动力，使金属板材在模具内直接受力成型，冲压成型广泛应用于汽车零件制造和家用电器的制造（图4-24）。

图4-24　冲压成型的产品

4.4.10 锻造

锻造是一种利用锻压机械对金属坯料施加压力，使其产生塑性变形以获得具有一定力学性能、一定形状和尺寸锻件的加工方法，锻压（锻造与冲压）的两大组成部分之一。通过锻造能消除金属在冶炼过程中产生的铸态疏松等缺陷，优化微观组织结构，同时由于保存了完整的金属流线，锻件的力学性能一般优于同样材料的铸件。相关机械中负载高、工作条件严峻的重要零件，除形状较简单的可用轧制的板材、型材或焊接件外，多采用锻件。

工业革命之前，锻造是最普遍的金属加工工艺，例如马蹄铁、冷兵器、盔甲都由各国的铁匠手工锻造（又称打铁），通过反复将金属加热锤击淬火，直到得到想要的形状（图4-25）。

图4-25　锻造的产品

4.4.11 深拉伸成型

金属的深拉伸成型（又称拉深）是把金属板材冲压成空心柱体的工艺。深拉伸技术应用非常广泛，例如，生产汽车零件等，还可以用来制造家居用品，如不锈钢厨房洗碗槽、锅等，也可以应用这种技术制造易拉罐（图4-26）。

图4-26　深拉伸成型的产品

4.5　金属的表面工艺

　　大部分的材料都可以通过改变表面的处理方式使产品表面呈现出所需的色彩、光泽、肌理等，可以提高产品的审美功能、防护功能等，从而增加产品的附加值。

4.5.1　阳极氧化

　　阳极氧化是指金属或合金的电化学氧化。例如，铝的阳极氧化是利用电化学原理，在铝和铝合金的表面生成一层氧化铝膜，这层氧化膜具有防护性、装饰性、绝缘性、耐磨性等特性（图4-27）。

图4-27　阳极氧化工艺的产品

4.5.2　电泳

　　电泳是指带电颗粒在电场作用下，向着与其电性相反的电极移动。金属电泳是抛开传统的水电镀、真空而出现的一种新型的绝对环保的喷涂技术。它具有硬度高、附着力强、耐腐、冲击性能和渗透性能强、无污染等特性，主要用于不锈钢、铝合金等金属材料的表面处理，可使金属材料呈现各种颜色，并保持金属光泽，同时增强表面性能，具有较好的防腐性（图4-28）。

图4-28　电泳工艺的产品

4.5.3　微弧氧化

　　微弧氧化又称为微等离子体氧化，是通过电解液与相应电参数的组合，在铝、镁、钛及其合金表面依靠弧光放电产生的瞬时高温高压作用，生长出以基体金属氧化物为主的陶瓷膜层（图4-29）。

图4-29　微弧氧化工艺的产品

4.5.4 PVD 真空镀

PVD(物理气相沉积)真空镀是指利用物理过程实现物质转移，将原子或分子移到基材表面上的过程。它的作用是可以使某些有特殊性能（强度高、耐磨性、散热性、耐腐性等）的微粒喷涂在性能较低的母体上，使得母体具有更好的性能（图4-30）。

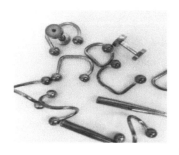

图4-30　PVD真空镀工艺的产品

4.5.5 电镀

电镀是指利用电解作用使零件表面附着一层金属膜的工艺，从而起到防止金属氧化，提高耐磨性、导电性、反光性、抗腐蚀性及增进美观等作用（图4-31）。

图4-31　电镀工艺的产品

4.5.6 金属拉丝

金属拉丝是通过研磨在产品表面形成线纹，以起到装饰效果的一种表面处理手段。在拉丝过程中，阳极处理之后的特殊的皮膜技术，可以使金属表面生成一种含有该金属成分的皮膜层，清晰显现每一根细微丝痕，从而使金属亚光中泛出细密的发丝光泽。根据拉丝后纹路的不同，可分为直纹拉丝、乱纹拉丝、波纹拉丝和旋纹拉丝（图4-32）。

 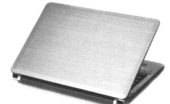 

图4-32 金属拉丝工艺的产品

4.5.7 粉末喷涂

粉末喷涂是用喷粉设备（静电喷塑机）把粉末涂料喷涂到工件的表面，在静电作用下，粉末会均匀地吸附于工件表面，形成粉状的涂层，粉状涂层经过高温烘烤流平固化，变成效果各异（粉末涂料的不同种类效果）的最终涂层。粉末喷涂的喷涂效果在机械强度、附着力、耐腐蚀、耐

图4-33 粉末喷涂工艺的产品

老化等方面优于喷漆工艺，成本也在同效果的喷漆之下。粉末喷涂主要应用在交通工具、建筑和白色家电产品的喷涂中（图4-33）。

4.5.8 喷砂

喷砂是指利用高速砂流的冲击作用清理和粗化基体表面的过程。采用压缩空气为动力，以形成高速喷射束将喷料（铜矿砂、石英砂、金刚砂、铁砂、海南砂）喷射到工件表面。由于磨料对工件表面的冲击和切削作用，使工件的表面获得一定的清洁度

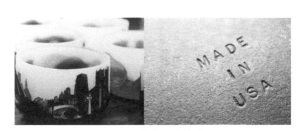

图4-34 喷砂工艺的产品

和不同的粗糙度，使工件表面的力学性能得到改善，提高了工件的抗疲劳性，增加了它和涂层之间的附着力，延长了涂膜的耐久性，也有利于涂料的流平和装饰。喷砂主要应用在建筑玻璃、装饰玻璃器皿和店面门头装饰的表面处理等（图4-34）。

4.5.9 镀锌

镀锌是指在钢铁合金材料的表面镀一层锌，起到美观、防锈等作用的表面处理技术。表面的锌层是一种电化学保护层，可以防止金属腐坏，主要采用的方法是热镀锌和电镀锌。由于镀锌工艺依赖于冶金结合技术，所以只适合应用于钢和铁的表面处理（图4-35）。

图4-35　镀锌工艺的产品

4.6　案例　轻盈华美的"灯光之眼"系列灯具

金属与灯具的结合，大多数是极简风格，充满金属质感。然而，设计师Malgorzata Mozolewska运用金属材料设计的一系列名为"灯光之眼"（Eye of the light）的灯具华美至极。

这一系列灯具灵感来源于自然，蝴蝶的翅膀、鱼的鳞片、鸟类泛着微光的羽毛都被设计师巧妙地运用到作品中，造型轻盈灵动，丝毫不见金属的厚重感。灯罩部分为金属织物，由来自波兰的工匠手工打造，它们被编织成不同的形状轮廓，将光源置于其中，光线照射到金属表面反射开来，看起来波光粼粼（图4-36）。

图4-36　轻盈华美的"灯光之眼"

第 5 章

木材及其工艺

图5-1　河姆渡遗址发现的朱漆木碗

图5-2　藻井

图5-3　斗拱

图5-4　清代红木镶大理石椅子

5.1　木材的概述

木材资源蓄积量大、分布广、取材方便、易于加工成型，自古以来一直都是使用最为广泛的材料。例如，在距今已有七千年历史的中国浙江余姚河姆渡遗址中发现的一件朱漆木碗，这是中国现知最早的一件漆器，它的内胎是用木头制成的，外观呈椭圆瓜棱形，造型非常美观（如图5-1所示）。

中国木结构建筑历史也非常悠久，3500年前就基本上形成了用榫卯连接梁柱的框架体系，许多木结构已历经百年甚至千年，如图5-2、图5-3所示的藻井和斗拱。

中国古代家具的设计与制作充分利用木材的色调和纹理的自然美，连接方式多采用榫结构，不用钉子、少用胶，既美观，又牢固，极富有科学性，是科学和艺术的极好结合（如图5-4所示）。

木材的应用领域很广，包括：建筑用材、工业用材、交通建设用材、民用材、农用材等。在科学技术飞速发展的今天，虽然人类利用自己的智慧创造了许多的合成高分子材料，但至今木材在人类的日常生活中仍起着极大的作用，这是因为，和钢材、塑料、水泥等材料相比，木材具有独特的色、香、质、纹等特性，并且由于木材表面具有最优异、最强烈的材质感，使木材成为人们最喜爱的家具和室内装修材料。另外，木材能为人类生活创造美好环境，人们在有木材（或木质材料）存在的空间里学习、生活会感到舒适，从而也可以提高人们的工作效率和学习兴趣，提高人类的生活质量。

5.2 树木的分类

树种种类繁多，分类方式也是多种多样，一般可以分为硬木和软木。

硬木不一定是坚硬的材料，软木也不一定是松软的材料。例如，轻木是世界上最轻、密度最小的木材之一，而它被认为是硬木。

事实上，硬木和软木之间的区别与植物繁殖有关。所有树木都通过产生种子来进行繁殖，然而种子的构造却不尽相同。硬木树木是被子植物，这类植物产生的种子具有包被。软木是裸子植物，这些植物的种子没有包被，直接落向地面。松树属于这一类植物，其种子生长在坚硬的松塔中，这些种子一旦成熟就散落到风中，这让植物的种子传播得更广。

大多数时候，被子植物的树木在天气寒冷时会落叶，而裸子植物的树木则终年枝繁叶茂。所以，常绿树是软木，而落叶树是硬木。常绿树确实比落叶树密度更小，因此更容易被切削，而大多数硬木往往更加致密，因此也更加坚固。

以下我们进行详细阐述。

5.2.1 硬木类

硬木多取自落叶性的细叶林木，包括橡木、桃心木、桦木、枫木、赤杨、榉木、黄杨等，通常价格较高，但品质相对比软木优良。硬木的颜色与纹理变化多，但由于近几年热带雨林不断遭到破坏，导致硬木来源短缺，多数供应商现在只能从规划良好、经过认证许可的再造林地中购买此种木材。

（1）橡木

就像所有木材一样，橡木在采伐获取时也需要注重其品质。如果想要让橡木的成品具有优美线形的纹理感，在裁切木材时需要通过刻切的方式去实现。橡木非常容易被切割成薄片，这也使得它非常容易弯折，可以说橡木是曲木加工的理想材料之一。

值得注意的是，因为橡木的硬度和特性，它非常容易磨损加工它时使用的工具，但是可以对它做非常多的表面处理，如上蜡、抛光、染色等，都会有非常好的效果。

橡木是目前最普遍使用的硬木材料之一。品质好的橡木可作为家具、地板、船舶、建筑等的材料（图5-5）。

图5-5　橡木产品

（2）榉木

说到榉木的加工，那么"Thonet bentwood chair"就是榉木加工的经典代表了。因为其易于加工的属性，所以无论是大规模机械生产还是工匠手工制作，榉木都能胜任。除了经典的榉木蒸汽弯曲加工工艺，榉木也可以进行良好的表面处理或者雕刻，但是需要注意的是，榉木比较易燃，所以在打磨处理时尽量选择尖锐的工具，还有在打钉子时榉木也可能会裂开。

因为榉木实惠的价格以及优异的"工作表现"，使榉木成为世界上最大使用量的木材之一。它经常被使用在鞋楦、工具的把手、玩具、家具、橱柜、体育用具、砧板、乐器等方面（图5-6）。

图5-6　榉木产品

（3）枫木

枫木非常适用于蒸汽曲木加工，但是需要注意的是，除了软枫木，其他的枫木都非常容易使工具变钝，所以经常打磨、替换工具也是必要的。还有一点需要注意的是，要在其上打钉子，需要预先用电钻开个预留孔，同样是因为其硬度大。

因为枫木良好的强度以及耐磨性，让其成为地板的完美材料，特别适用于体育场馆中用的地板，如保龄球道、室内篮球场、旱冰场等，除此之外，家具、家居产品也可用枫木制作，还有很多高级轿车的汽车内饰也是由质地优异的枫木制作而成。枫木最典型的应用就是滑板的制造，极好的强度和极好的轻度，使枫木比其他木材在制造滑板方面有更大优势（图5-7）。

图5-7　枫木产品

（4）柚木

因为柚木中等的硬度以及密度，使得它虽然可以进行蒸汽曲木加工，但是并不能像一些木材那样可以完全折弯，它只能折到一定角度。因其表面的细腻光滑，且富有天然的油脂，使得它不能被很好地上漆或者染色。因为它硬脆、易折的属性，所以它也不适合被加工成工具把手或者体育用具。

因为柚木超级优异的耐久性和保存性，所以它非常适用于户外，特别是靠近海水的地方（容易腐蚀一般木材），所以，船舶甲板、船舶结构、码头、桥梁都可以使用柚木来制作。它胜任于户外的一切家具产品，虽然它放在户外长时间颜色会由暖棕色变成冷银灰色，但是不需要任何保养，这样的属性让户外环境设计者无法挑剔。除了这些普通领域，柚木还因为它一定的抗化学腐蚀性常被用来制作实验室里的椅子或者桌子（图5-8）。

图5-8　柚木产品

（5）胡桃木

就像所有的木材一样，环境、时间以及切割方式都可以影响这种木材的美观及质量。胡桃木最主要的使用方式就是切片制成胶合板以供使用，因为其美观的木纹，所以由胡桃木胶合板制成的家具或者汽车内饰都透露出一丝古典华丽的气息。核桃木也可以被很好地进行蒸汽曲木加工，表面处理也极其丰富出色。

胡桃木制作橱柜几乎贯穿了整个欧洲的橱柜设计历史，它也经常被使用在高端的枪械中、商店视觉陈列中、家居设计中以及室内细木工产品中。虽然它也拥有非常优秀的耐用性，放在室外环境中同样"表现优异"，但是没有谁会把这种昂贵的木材放在户外任凭风吹雨打（图5-9）。

图5-9　胡桃木产品

（6）桦木

桦木除了可以被很好地切片制成胶合板以外，它的染色效果也很好。人们不仅仅可以使用机器来加工它，手工加工这种木材也完全可以。

桦木最典型的应用领域就是胶合板产品，室内家具也可用它来制作。另外，桦木很适合车削加工，制成如木刷或扫把把手、木碗等产品。加工后的桦木废料可以被回收制成纸类产品。它的树液可以被制成啤酒，树皮可以用来制作冬青油。这样看来，桦树从上到下都是宝（图5-10）。

图5-10　桦木产品

（7）山杨木

山杨木从生产工艺上讲，表面纹理可通过喷水的方式加强。

山杨木是一种传统的木材，它适合制作鞋楦、门、刷子把柄、模具、玩具、家具、篮子、筷子、火柴等，它的特性也让它成了桑拿房里的唯一木材选择。值得一提的是，山杨木几乎没什么木材味道，而且隔热好，对于餐馆里用的托盘或者厨具，山杨木都是很好的选择（图5-11）。

（8）柳木

柳树枝条可以通过手工编织很多东西，而柳木则多用于建筑结构，这种木材的曲木加工效果非常差。

图5-11　山杨木产品

除了柳条编织的篮子，柳木还有非常多的运用，如玩具、厨房用品、家具、地板、木屐、装饰木板等（图5-12）。

图5-12　柳木产品

（9）黄杨木

黄杨木一般难以长得高大，因此它不是大件家具设计的理想材料。但是它非常容易被雕刻，所以它适用于小型精美的产品，如木梳。

黄杨木是专用于雕刻精美产品的木材，并且因为它生长缓慢，数量上会有一定缺乏，使得它的价格昂贵。

由于其重量以及密度都很大，适合制作木雕及小型产品，除了梳子，它还可以被加工成木尺、棋盘及棋子或者吉他等乐器。如果你要设计一种木头产品可以拿在手上把玩，那么黄杨木就是你的最佳选择（图5-13）。

图5-13　黄杨木产品

（10）巴尔杉木

这种木材非常柔软，甚至可以用小刀就可以将其切断。因为其木质结构比较松散，所以可以非常容易地进行染色处理，并且效果非常好。

它是很好的制作模型的材料，市面上90%以上的木质模型玩具都是由它加工制作的。因为其木质结构的属性，赛艇、隔热板、隔声板以及水上运动的一些用具等都由它制作，在第二次世界大战时期它也被运用于飞机的机架上（图5-14）。

图5-14　巴尔杉木产品

（11）榉木

榉木可以使用机器加工，但会对机器造成一些磨损。它的表面处理能力和灵活性都非常强，使其拥有很好的曲木加工能力。

超强的冲击吸收能力使它常被用来制作铁轨的构架结构、各类球棒以及各种体育用品等，还是制作手持工具类的宠儿。除此之外，它也被用在一些交通工具中，如船体、早期的汽车以及飞机中。它易于曲木加工的特性也使得它在家具设计中被广泛使用（图5-15）。

图5-15　椈木产品

（12）核桃木

核桃木很难被加工的，加工它的工具需要被打磨得非常锋利，并且要用非常快的速度去处理它，否则工具就会损坏。核桃木的蒸汽曲木加工表现十分优异，表面处理或者染色效果也很好，但是却很难被黏合。

椈木因为其优异的抗弯曲性能，比较适合制作手持工具，而核桃木比椈木的抗弯曲性能和牢固性更优秀，它经常被用于制作各种球类运动的球棒、锤子、斧子等工具的把柄，木梯以及鼓槌等（图5-16）。

图5-16　核桃木产品

5.2.2 软木类

软木，即指针叶树，由松柏植物门的树产生的木材，包括松树、花旗松、白杨、红杉、紫杉、冷杉、落叶松、铁杉、柏树、加州红木等。

葡萄牙被称为"软木王国"，因其特殊的地中海气候，适宜软木原材料的生长，同时，葡萄牙是世界上对软木资源的开发、原材料出口以及产品深加工最早的国家之一。

我国陕西的秦巴山区，同样蕴含丰富的软木资源，占全国软木资源50%以上，因此陕西

被称为"软木之都"。依托这一资源优势，国内目前大型的软木制造商主要集中在这里。

（1）松木

松木非常容易被加工，但是，在一些松树时，一些黏稠的树脂会影响加工。树结的去除也常会给加工带来一些问题，它们相黏合性很好，而且在染色、涂漆以及打油方面都有不错的表现。

低收缩率意味着松木拥有着超高的稳定性，所以这也使得松木多被运用在式样制作，如门、画板等。它也被常用来做一些轻量级的结构，如船舶制造、家具制造以及电线杆等。松木也有很多副产品，如树胶等（图5-17）。

（2）花旗松木

因为其独特的无木结性质，所以可以整棵花旗松直接加工，制作成长且干净的木材。它虽然属于软性木材，但是非常容易将锯子磨损。花旗木可以被很好地进行表面处理，但是需要注意的是因为其本身华丽的纹理，所以在打磨之后有可能会变得更加明显和夸张，所以需要根据需求来打磨。它本身材料之间的黏合度也非常好，可以轻而易举地用木胶将其粘在一起。

图5-17　松木产品

所有细木作产品（如门、窗）都可以用花旗松木制作，而由它制作的家具产品更是数不尽。因为其华丽的外表及优良的性质，使得它不用上漆也可以成为美观、实用的地板。在一些重工业（如建筑结构或火车轨道），花旗松木也会被使用。最值得一提的是，因为其黏合度很好，所以它也成了世界上产量最多的胶合板原材料（图5-18）。

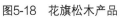

图5-18　花旗松木产品

（3）白杨木

白杨木的木纹呈直线分布，意味着白杨木非常容易被加工。然而，曲木加工或对其进行染色的效果都不理想。

白杨木被用在非常多的环境中，比如一般运输所用的木箱子、板条箱或者是室内环境中的一些细木作物，如灯罩、木窗、木门或者玩具（图5-19）。

图5-19 白杨木产品

（4）红杉木

红杉木通常很容易通过手工或者机器加工。不过在表面钉钉子时容易引发破裂，并且，不适用于蒸汽曲木加工。

因为其散发着清香的气味，并且可以驱虫，所以红杉木被广泛运用在建筑、包装或者家具上，如雪茄盒、抽屉、衣柜、笔记本包装、家具胶合板等。因为加工而产生的木头碎屑可以被用来提取、加工成精油，所以可以说红杉木的利用率非常高（图5-20）。

图5-20 红杉木产品

（5）紫杉木

紫杉木非常坚硬且形状不规则，这也使得它加工起来非常困难。但是和梣木、桦木、榉木等相似，蒸汽曲木加工却没有问题。

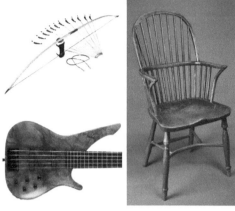

图5-21　紫杉木产品

事实上，紫杉木从古老的古埃及时期就开始被人使用，在当时，紫杉木是永恒生命的象征，所以埃及人就将其播种在墓地使其生长。从中世纪开始它就成了弓这种武器的材料，也会常被世人运用在文学著作中，如《哈利·波特》中就会经常提到这种木材。现在，紫杉木常用来制作家具、乐器等产品（图5-21）。

（6）椴木

椴木紧密的木纹是它不易弯折的关键，也正是这个原因，它容易被切割。椴木的柔软性使它摸起来手感非常舒适，但同时也影响了其曲木加工的能力。椴木的表面处理能力也很不错，特别是在染色或者上漆时。

因为其优异的防弯折能力，椴木非常适用于木材雕刻，也常被广泛使用于车削产品。由于椴木本身没有任何味道，它可以用来制作食物托盘等产品（图5-22）。

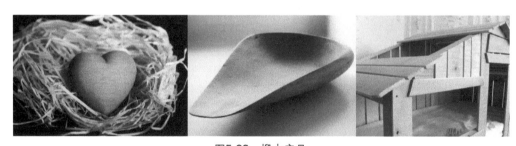

图5-22　椴木产品

5.3　设计中常用的木材

5.3.1　原木

原木是指伐倒的树干，经过去枝、去皮后按规格锯成的一定长度的木料。原木分为直接使用的原木和加工使用的原木。

直接使用的原木一般用于电线杆、桩木、坑木以及建筑工程中，通常要求具有一定的长度和较高的强度。

加工使用的原木是作为原材料加工用的，它是将原木按一定规格和质量经纵向锯割后的木料，称为锯材，锯材按其宽度与厚度的比例关系可分为板材、方材以及薄木等。如图5-23、图5-24所示，为原木及原木花器。

（1）板材

当锯材的宽度为厚度的三倍或三倍以上时称为板材，按板材厚度的不同可分为以下几种。

① 薄板　厚度在18mm以下；

② 中板　厚度为19～35mm；

③ 厚板　厚度为36～65mm；

④ 特厚板　厚度在66mm以上。

（2）方材

锯材的宽度不足厚度的三倍时称为方材。按宽、厚相乘大小可分成以下几种。

① 小方　宽、厚相乘在54cm^{2}以下；

② 中方　宽、厚相乘为55～100cm^2；

③ 大方　宽、厚相乘为101～225cm^2；

④ 特大方　宽、厚相乘在226cm^{2}以上。

图5-23　原木

图5-24　原木花器

（3）薄木

厚度为0.1～0.3cm的薄木片称为薄木，厚度在0.1cm以下的称为微薄木。薄木按不同的锯割方法可分为锯制薄木、刨制薄木及旋制薄木等。

5.3.2 人造板材

人造板材是以原木、刨花、木屑、小材、废材以及其他植物纤维等为原料，经过机械或化学处理制成的材料。人造板材的使用有效地提高了木材的利用率（过去一般从一棵到制成家具或其他成品，其中材质利用率不到30%），有利于解决我国木材资源贫乏，天然板材满足不了木材工业发展需要的问题。

由于人造板材具有幅面大、质地均匀、表面平整光滑、变形小、美观耐用、易于各种加工等优点，使用量日益增多。它广泛用作造船、家具生产、包装箱的制造，以及宾馆、展览厅、客车车厢和客机的装修等方面的造型材料。

人造板材的种类很多，最常见的有胶合板、刨花板、纤维板、空心板、贴面板、细木工板和各种轻质板等。

图5-25　胶合板椅子

（1）胶合板

胶合板是用三层或奇数多层的单板经热压胶合而成，各单板之间的纤维方向互相垂直、对称。胶合板的特点是幅面大而平整，不易干裂、纵裂或翘曲，适用于制作大面积板状部件，如用作隔墙、天花板、家具及室内装修等。胶合板品种很多，有厚度在12mm以下的普通胶合板，厚度在12mm以上的厚胶合板，以及表面用薄木贴面或塑料贴面制成的装饰胶合板等（图5-25）。

（2）刨花板

刨花板是利用木材加工废料加工成刨花后，再经加胶热压成的板材，其生产方法有平压法、辊压法和挤压法三种。刨花板的幅面大，表面平整，隔热、隔声性能好，纵横面强度一致，加工方便，表面还可进行多种贴面和装饰。刨花板除用作制造板式家具的主要材料外，还可用作吸声和保温隔热材料，但不宜用于潮湿处。刨花板目前尚存在质量较大和握钉力较差的问题。

图5-26　采用刨花板表面贴覆加工的衣柜

各类刨花板的厚度尺寸有6mm、8mm、10mm、13mm、16mm、19mm、22mm、25mm、30mm 等，其中最常用的为19mm标准厚度的标准板。如图5-26所示为采用刨花板表面贴覆加工的衣柜。

（3）纤维板

纤维板是利用木材加工的废料或植物纤维作原料，经过破碎、浸泡、制浆、成型、干燥和热压等工序制成的一种人造板材。按其密度分为：硬质纤维板、半硬质纤维板和软质纤维板。硬质纤维板，密度在0.8g/cm³以上；半硬质纤维板，密度为0.5～0.7g/cm³；软质纤维板，密度在0.4g/cm³以下。

纤维板材质构造均匀，不易胀缩和开裂，具有隔热、吸声和较好的加工性能。目前广泛用作柜类家具的背板、顶板、底板等不外露的部件，也可作为绝热、吸声材料。如图5-27所示为采用纤维板表面贴覆加工的衣柜。

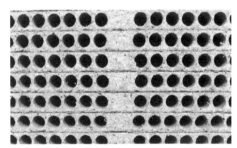

图5-27 采用纤维板表面贴覆加工的衣柜

（4）空心板

空心板与细木工板的区别在于空心板的中板是由空心的木框或带某种少量填充物的木框构成，两面再胶压上胶合板或纤维板。

空心板的密度较小（一般只有0.28～0.30g/cm³），正反面平整、美观，尺寸稳定，有一定的强度，而且隔热、隔声效果好，是制作家具良好的轻质板状材料（图5-28）。

图5-28 空心板

（5）贴面板

贴面板属于人造板材的二次加工技术，贴面板起着保护和美化人造板材表面的作用，并由此扩大了人造板材的使用范围。人造板材的二次加工技术主要有单板（薄木）贴面、三聚氰胺装饰板（塑料贴面板）贴面、印刷装饰纸贴面、聚氯乙烯薄膜贴面等表面贴面处理，以及木纹直接印刷，透明涂饰和不透明涂饰等表面印刷涂饰处理。例如，三聚氰胺装饰贴面板是将用三聚氰胺树脂浸渍过的纸经压制成的装饰用胶贴到各种人造板材上。这种贴面板硬度大，耐磨、耐热性能优异，耐化学药品性能

图5-29 采用贴面板的现代化家具

良好，能抵抗一般的酸、碱、油脂及酒精等溶剂的浸蚀。它表面平滑光洁，容易清洗，在家具生产中应用较广泛，如图5-29所示为采用贴面板的现代化家具。

5.3.3 合成木材

合成木材又称钙塑材料，是一种主要由无机钙盐（如碳酸钙等）和有机树脂（聚烯烃类）组成的一种复合材料。钙塑材料兼有木材、纸张、塑料的特性，不怕水，吸湿性小，温差变形小，尺寸稳定，耐虫蛀，而且可以任意用木材加工的方法（锯、刨、钉等）成型。合成木材质地轻软，保温、隔热、隔声、缓冲性能良好，因此可代替天然木材作墙板、地板、天花板，用作车、船的内外装修，以及隔热、隔声材料，制造各种包装箱、包装桶等（图5-30）。

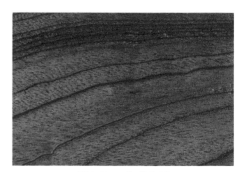

图5-30　合成木材

5.3.4 新型木材

近年来，国内外研制出许多新颖、特殊的木材，拓宽了工业设计的领域。

（1）纳米木材

作为影响地球生态环境的主要因素——塑料泡沫被普遍应用于咖啡杯和包装材料等产品中。这个亟待解决的问题引起了社会各界的关注，有人也曾提出一些如采用蘑菇菌丝体作为生物降解的方案。不过现在随着技术的进步，一个新的可行方案被提出，那就是纳米木材技术，纳米木材是由纳米纤维素制成，如果得到成功应用，它们也有望代替塑料泡沫，成为地球上最强大、轻量级的热绝缘材料。

图5-31　纳米木材

和泡沫制品不同，这些纳米木材材料可以生物降解，其强度和韧性也大大优于其他如聚苯乙烯泡沫塑料、羊毛和聚合物气凝胶等材料，其很大程度上是采用纤维素微纤丝结合的方式产生了高强度的力量。这些纳米木材材料主要是由木材元素转换而来的，它们由木材被削掉的多余部分制成，因此它不仅能够保护生态环境，也能大大节约制造成本，其中用于进行材料加工的化学物质也非常普遍，包括氢氧化钠和过氧化氢等。

通过化学加工原材料，然后将形成的纤维素纳米纤维重新排列组合成纳米木材产品，根据调查研究发现这种产品的热导率极低，低密度和高强度的特性让这些纳米木材材料具有非常实用的保温绝缘应用能力，再加上其制造成本相对低廉，可被大力应用在建筑保温材料等领域（图5-31）。

（2）新型的"超级木材"

2018年初，马里兰大学的华人科学家们发明了一种新型的"超级木材"，它的出现或许能颠覆人们对于木材的认知。这种超级木材的强度是普通木材的10倍以上，并且它比钢还要坚固，但它的重量却只有钢材的1/6。除此之外，它的密度很大，这使得它能够抗高压、抗冲撞，新型的合成技术让超级木材还能防潮、防蛀，使得它的可用性大大提升（图5-32）。

研究团队对超级木材的硬度进行过测试，他们曾用一把狙击步枪射击由5层超级木头构成的层合板。令人惊讶的是层合板根本无法被击穿，子弹被卡在第三层超级木头中间，无法再进入分毫。

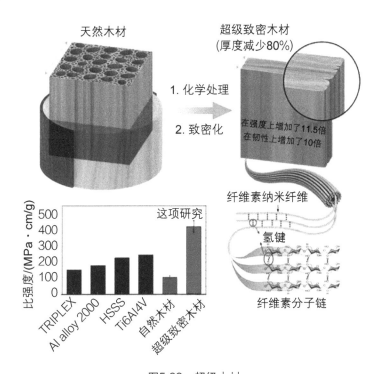

图5-32　超级木材

这种超级木材的制造主要涉及两个步骤：首先用化学物质去除木材中的部分木质素，然后在100℃以上的高温中进行挤压。这样的做法让木材的厚度减少80%，而让木材的密度提升2倍，包括韧性、刚度、硬度等力学性能都超出普通木材的10倍以上。由于高温高压的作用使得木材的纤维素纳米纤维之间的氢键断裂，之后生成的新的氢键密度大大提高，这就让超级木材的断裂需要大量的热量，因而实现高韧性。

这项研究为设计轻质且高性能结构材料做出了巨大贡献，超级木头的特性使得它能运用到建筑、交通、航天等方面，或许有一天一辆由超级木材做成的汽车就会出现在人们眼前。

（3）更轻、更强、成本更低的新型木材

日本电装公司、丰田纺织公司和日本京都大学正在开发一个合作项目，准备用一种特殊的木材——纤维素纳米纤维来取代以往汽车上常规的钢铁材料（图5-33）。

图5-33　纤维素纳米纤维新型木材

这种由木浆制成的新型材料重量仅为钢铁材料的1/5，而强度可以增加5倍。将木浆纤维分解成1μm后，就可以形成这种轻量化、高强度、低成本、可循环再生的材料。一根纤维素纳米纤维的直径仅为3～4nm，大约相当于头发丝的1/20000。

目前纤维素纳米纤维的量产成本约为1000日元（约合66元人民币）/千克，研究人员表示正在尝试将塑料融入这种材料，使它在2030年时成本能够降低一半，从而大面积使用，甚至代替现有金属材料。

目前，许多追求轻量化、高强度材料的厂商已经瞄准了碳纤维，而纤维素纳米纤维的应用或许可以带来一种新的可能。日本京都大学已经着手开发使用基于纤维素纳米纤维的部件的原型车，预计很快就会完成。

5.4　木材的基本特性

① 木材是多孔性材料，组成木材的管胞、导管、木纤维等细胞都有细胞腔，因此木材具有多孔性材料特点。木材的多孔性对其性质与利用有很大影响：导热性低，如水松树根、轻木可作暖瓶塞；力学上具弹性，木材受重载荷冲击时能吸收相当部分的能量；容易锯解和刨切；具一定的浮力；孔隙度高，贮存空气量多，容易滋生腐朽菌；适宜防腐、干燥和木材改性与化学加工处理。

② 和钢材、玻璃等不同，木材是各向异性材料。木材构造和性质在三个方向上具有明显不同的特点，就是木材的各向异性。如木材的纵向电导率、热导率为横向的2倍；纵向湿胀干缩为弦向的十分之几至百分之几，弦向为径向的2倍；顺纹抗拉强度为横纹的40倍；顺纹抗压强度为横纹的5～10倍。

③ 木材具有很大的变异性，木材的变异性是由于树种、树株和树干轴向与径向的部位、立地条件、森林培育措施等的不同，树木木材不同代之间与同代不同个体之间在木材构造、木材组成与木材性质方面均有差异的现象。木材的变异性使木材特性具有相当大的不均匀性和不确定性，使木材用途广泛，材质遗传改良潜力巨大，但也给加工利用带来许多困难。

④ 木材具有重量轻、强度高、吸声、绝缘、纹理优美及色调柔和等一系列优异性能，是建筑、室内装修和家具制造的首选材料。

⑤ 木材加工容易，是加工能耗最低的材料。采伐后的木材可以直接加工使用，也可仅用简单的工具与较低的技术进行加工。

⑥ 木材不会生锈，不易被腐蚀，可盛装化学药剂；木材超负荷断裂时不发脆，在破坏前有警告声，宜作为坑木；缺陷容易看出，便于选择使用。

⑦ 木材容易解离，是重要的纤维原料。

⑧ 木材也具有一些缺点，具体表现为：
a. 容易干缩湿胀和变形开裂；
b. 易受木腐菌、昆虫或海生钻木动物的侵害而变色、腐朽或蛀蚀；
c. 易燃；
d. 具有天然缺陷，如节、油眼、斜纹理、应压木、应拉木等；
e. 干燥缓慢，并易发生开裂、翘曲、表面硬化、溃烂等缺陷；不能像金属那样按人们意愿容易制成宽大的板材。

木材的这些缺点可以通过合理的干燥、加工、防腐、滞火处理，以及必要的营林培育措施，避免或将其降低至最小限度，也可以通过加工制成胶合板、纤维板、刨花板、层积木、贴面板等进行改善。

5.5　木材的视觉特性

木材被广泛用于景观环境设施、室内装饰、产品及家具制作等，其感觉特性是重要原因。人们通过视觉、嗅觉、触觉等感官感受材料特性并产生体会，是影响造物材料选择和使用的重要因素，木材是与人类最亲近、最富有人情味的材料。

5.5.1 视感

（1）纹理

木材自然天成的纹理给人以感官享受。木材纹理是由年轮所构成的，它是树木与大自然对话的感受记录，宽窄不一的年轮记载了自然环境、气候变化及树木的生长历程。木纹的形状与木材的锯切方向有关，如图5-34、图5-35所示。

图5-34　木材纹理

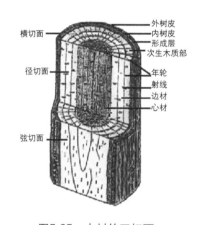

图5-35　木材的三切面

图5-36　小叶紫檀的纹理

针叶树纹理细，材质软，木纹精细；阔叶树组织复杂，木纹富于变化，材质较硬，材面较粗，经表面涂装后效果更好。此外，木材本身的一些不规则生长缺陷，如节子、树瘤等，增加了木材纹理的变化，增添了材质的生动性。瘿木（也称为影木）是由树木发生病变生满树瘤的部分取材而得，纹理具有很强的美感和不可复制性，成为古今文玩、现代装饰产品的材料。如图5-36所示为小叶紫檀的纹理。

值得注意的是，对木材纹理、图案的喜好与人的文化背景及追求自然的理念有很大关系。

（2）色彩

木材有较广泛的色相，有微黄的云杉木、漆黑如墨的乌木等。但大多数木材的色相均在以橙色为中心的从红色至黄色的某一范围内，以暖色为基调，给人一种温暖感。木材色彩的明度和纯度不同也会产生不同的感觉，如同一般的色彩心理感受规律一样，木材色彩明度高，就会使人产生明快、华丽、整洁、高雅的感觉；明度低则有深沉、厚重、沉静、素雅的感觉。纯度高的木材有华丽、刺激、热烈的感觉；纯度低的则有素雅、沉静的感觉。

不同的树种，不同的材色，给人的印象和心理感觉也不同。因此，有必要结合用途和场合选择木材。需要明亮氛围的可选用云杉木、白蜡木、刺楸木、白柳桉木等明亮淡色彩的木材；需要宁静高雅氛围的可选用柚木、紫檀、核桃木、樱桃木等明度低的深色木材。

木材及木质器具随着时间的推移，在空气中氧化，颜色也在一定程度上发生变化。

5.5.2 触感

人对材料表面的冷暖感觉主要由材料的热导率的大小决定。而木材热导率适中，人接触后有温暖的感觉。

（1）冷暖感

木材除材色为暖色，从视感上给人温暖感外，与其他材料相比其触感也是温暖的。这与木材的多样性有关，木材内的空隙虽不完全封闭，但也不自由相通，所以木材是良好的隔热保温材料。

（2）干湿感

温度与湿度是构成材料舒适与否的主要条件，对人们心理活动的影响极为明显。木材是吸湿材料，吸湿后尺寸不稳定是其缺点。由于木材吸湿、防湿作用对环境湿度变化有着缓冲作用，因此木材是具有优良调湿功能的材料。

5.5.3 嗅感

由于木材中含有各种挥发性油、树脂、树胶、芳香油及其他物质。所以，不同的树种就有不同的气味，特别是新砍伐的木材气味较浓，如松木散发有清香的松脂味；侧柏木、圆柏木等有柏木的香气；雪松木有辛辣味；杨木有青草味；椴木有腻子味等。

气味也是区分、鉴别木材（特别是名贵木材）的一个重要方法。例如，海南黄花梨散发辛香的气味，新锯开的海南黄花梨有一股浓烈的辛香味，但时间久了的老家具或老料，其气味则转成微香，在老料上刮下一小片，一般还可闻出淡淡的辛香味，而越南黄花梨散出的则是酸香味。

树木需较长的生长周期，并且对保护地球环境起着重要的作用，已成为越来越珍贵的资源。为满足对木材需要的同时节约木材资源，人们模仿木材的感官特性（主要是视觉），生产人造板表面装饰材料来替代木材，近年来已形成一个庞大的产业分支。

5.6 木材的成型工艺

▼ 5.6.1 蒸汽热弯成型

某些木材在加热后，其可塑性会暂时提高，适合制造曲面特征，冷却后立即恢复硬度。蒸汽热弯成型工艺结合了工业制造技术和手工艺技术，因此成品质量很大程度上依赖于操作工的经验。

蒸汽热弯成型适用的材料有：
① 硬木材料比软木材料更适合蒸汽弯曲工艺；
② 山毛榉木因为兼具强度和延展性，所以被广泛应用于木质家具制造；
③ 橡木因为硬度高、耐用，所以被广泛应用于木质建筑搭建；
④ 榆木、柳木因为兼具质轻和防水性，所以被广泛应用于船舶制造；
⑤ 枫木因为兼具装饰性和耐用，所以被广泛应用于木质乐器的制造。

蒸汽热弯成型的应用如图5-37所示。

图5-37　蒸汽热弯成型的应用

5.6.2　层压成型

层压成型是指将多层胶合板或木板通过强力黏合剂，在固定模具的作用下，形成坚固质轻的结构，一般用于建筑和家具制造。

层压成型适用的材料有：

① 层压木为合成材料，由木材和黏合剂复合而成，一般黏合剂分为两种：

室内用品：脲甲醛；

室外用品：酚脲醛。

② 灵活性较高的木材优先考虑，如桦木、山毛榉木、橡木和胡桃木等。

③ 密度适中的纤维板（MDF）和胶合板也同样适用于层压成型工艺。

层压成型的应用如图5-38所示。

图5-38　层压成型的应用

5.6.3　合板发泡复合成型

合板发泡复合成型工艺能减低木质产品的重量，并同时维持很高的结构强度。在早期这种材料被飞机制造商用来制作机身，也是许多家具设计师心中最理想的材料。

Laleggera的椅子（如图5-39所示）就是利用此种新颖的工艺，让这个结构强健的复合结构家具得以面世。这把椅子的制作过程是将一片片的木片边缘胶合在一起，形成一个中空状的壳。因为这个壳的本身并没有内部结构，因此我们必须把发泡材料灌注入壳内，以提供它所需要的高强度。经过回火的过程后，发泡材料会硬化成非常坚硬、但质地轻盈的复合材料结构体。将发泡材料灌注到木材制作的壳内，是跳脱传统思维、极尽巧思的新制作工艺。

图5-39　Laleggera椅子

图5-40 合板发泡复合成型的应用

"Laleggera"是"轻巧的"意思，这个词汇适切地表达了此项产品最大的特色。这项特殊的制造技术，也让发泡材料和木材开启了前所未有的结合方式，最后诞生出这个结构坚固、重量轻巧的惊人产品。

合板发泡复合成型的应用如图5-40所示。

5.7 木材的接合工艺

木材的接合结构是支撑、传力的关键部位。常见的接合方法有榫卯接合、钉接合、木螺钉接合、胶结接合，而榫卯接合为固定式结合最基本的接合方法。

5.7.1 榫卯接合

传统木制品都是框架形式，以榫卯装板为主的结构，这是实木在发展中形成的最理想结构。它以较细的纵横撑挡为骨架，以较薄的装板铺大面。榫卯接合主要依靠榫头四壁与榫孔相吻合连接，既精巧结实又美观多样。各种接合形式各具用途，且有效、合理。支撑类、贮存类、装饰类木制产品都采用榫卯接合，一直持续了几千年，形成了最完美的结构形式。特别是在以明清时期为代表的中国传统家具制造中，榫卯结构发展到极致。但是，框架结构对材料与工艺要求较高，在当今高度机械化生产的条件下，相对而言有一定困难且成本较高，功效较差，这是不足之处。

图5-41 榫卯接合

榫卯接合是根据接合部位的尺寸、位置及构件在结构中的应力作用不同，接合形式各有不同，各种榫根据木制产品结构的需要有明榫和暗榫之分，榫孔的形状和大小根据榫头而定。榫卯接合如图5-41所示。

榫头有整体式榫与分体式榫之分。整体式榫是指榫头与零件成为一整体，而分体式榫是指榫头与零件不成为一整体。现代家具生产中，榫接合一般借助胶黏剂提高接合强度，因此常应用于无须拆卸部位的接合。另外，还有复合榫接合。

5.7.1.1 整体式榫接合

整体式榫按榫头的形状可分为直角榫（或称矩形榫）、椭圆形榫（或称长圆形榫）、圆形榫、燕尾形榫（或称梯形榫）、U形榫、指形榫（或称齿形榫），如图5-42所示。

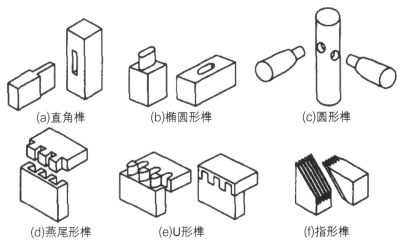

(a)直角榫   (b)椭圆形榫   (c)圆形榫

(d)燕尾形榫   (e)U形榫   (f)指形榫

图5-42　整体式榫接合

（1）直角榫接合

直角榫接合由榫头与榫眼组成，榫头由榫端、榫肩、榫颊、榫侧组成；榫眼有闭口榫眼和开口榫眼两种。闭口榫眼习惯上称榫眼，开口榫眼习惯上称榫沟，如图5-43所示。

① 按榫接合方式分类　根据榫接合方式可分为明榫、暗榫、闭口榫、开口榫、半开口榫（或称半闭口榫）接合，如图5-44所示。

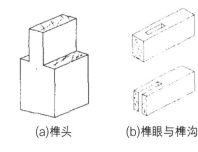

(a)榫头   (b)榫眼与榫沟

图5-43　直角榫接合结构

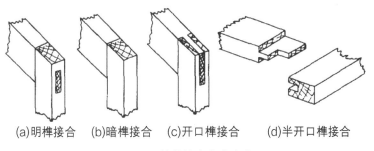

(a)明榫接合   (b)暗榫接合   (c)开口榫接合   (d)半开口榫接合

图5-44　按榫接合方式分类

a. 明榫接合　榫头与榫眼装配后，榫头端面暴露在外表的接合称为明榫接合，如图5-44(a)所示。

b. 暗榫接合　榫头端面不暴露在外表的接合称为暗榫接合，如图5-44(b)所示。

c. 闭口榫接合　榫头侧面不暴露在外表的接合称为闭口榫接合，如图5-44(a)、(b)所示。

d. 开口榫接合　榫头一个侧面暴露在外表的接合称为开闭口榫接合，如图5-44(c)所示。

e. 半开口榫接合　仅有榫头一个侧面的某些部分暴露在外表的接合称为半开口榫接合，或称半闭口榫接合，如图5-44(d)所示。

② 按榫头的个数分类　按榫头的个数可分为单榫、双榫和多榫，如图5-45所示。

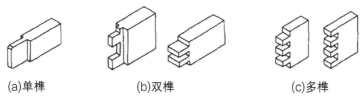

(a)单榫　　　　　　(b)双榫　　　　　　(c)多榫

图5-45　按榫头个数分类

③ 按榫头截肩形式分类　按榫头截肩形式可分为单面截肩榫、双面截肩榫、三面截肩榫和四面截肩榫，如图5-46所示。

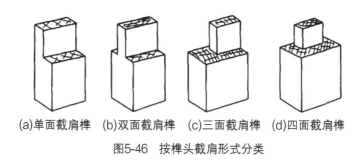

(a)单面截肩榫　(b)双面截肩榫　(c)三面截肩榫　(d)四面截肩榫

图5-46　按榫头截肩形式分类

（2）椭圆形榫、圆形榫接合

整体式椭圆形榫、圆形榫（如图5-47所示）是直角榫的改良版，克服了直角榫接合的榫眼加工生产效率低、劳动强度较大、榫眼壁表面粗糙等缺陷，在框架类现代实木家具中广泛被采用。榫头的方向、尺寸及榫头与榫眼的配合公差可参考直角榫的要求。榫头的厚度应与加工眼的钻头规格相一致，常用的钻头规格有5mm、6mm、8mm、10mm、12mm、14mm、16mm、20mm、22mm等。在设计中应该注意，目前生产中广泛采用的加工整体式椭圆形榫（圆形榫）设备仅能加工出单榫，且榫肩是一个平面。

图5-47　椭圆形榫、圆形榫接合

（3）燕尾形榫接合

燕尾形榫多数用于抽屉等箱框的接合，燕尾形榫有以下两种分类。

① 按榫头的显隐关系　可分为明燕尾榫、全隐燕尾榫、半隐燕尾榫三种，如图5-48(a)、(b)、(c)所示。

② 按榫头棱边的形状　可分为锐棱燕尾榫、隐棱燕尾榫两种，如图5-48(d)、(e)所示。

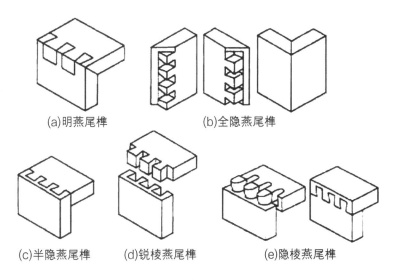

(a)明燕尾榫　　　　　(b)全隐燕尾榫

(c)半隐燕尾榫　　(d)锐棱燕尾榫　　　(e)隐棱燕尾榫

图5-48　燕尾形榫分类

因锐棱半隐燕尾榫的榫沟部分的机械加工工艺性差，在生产中大多被隐棱半隐燕尾榫取代。燕尾形榫的尺寸参数为 T=4.5~6.5mm，A=7°～14°，如图5-49所示。

（4）U形榫接合

U形榫是隐棱燕尾榫A=0°时的一个特例。榫头的大小、间隔和圆弧的直径应与柄铣刀的直径相符合。

（5）指形榫接合

指形榫接合是指用于零件的接长和角部接合，如图5-50所示。

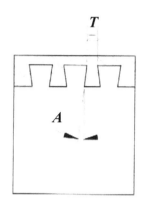

图5-49 燕尾形榫的尺寸

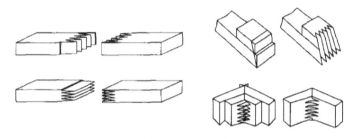

图5-50 指形榫接合

5.7.1.2 分体式榫接合

分体式榫有圆棒榫（简称圆榫）、椭圆形榫、三角形榫、矩形榫、L形榫、饼形榫等，如图5-51所示。

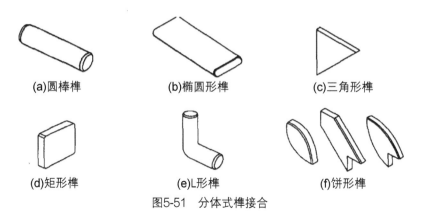

(a)圆棒榫　　　　(b)椭圆形榫　　　　(c)三角形榫

(d)矩形榫　　　　(e)L形榫　　　　(f)饼形榫

图5-51 分体式榫接合

（1）圆棒榫接合

圆棒榫接合按功能分为强度型圆棒榫接合和定位型圆棒榫接合两类。

① 强度型圆棒榫接合　强度型圆棒榫接合作用是获得高的接合强度，因此榫与孔的径向配合要求较高，装配时需施胶。

② 定位型圆棒榫接合　定位型圆棒榫接合是配合连接件共同完成接合的，圆棒榫的主要作用是实现被接合零件间的定位，辅助增加接合强度，装配时不施胶。

圆棒榫应选用密度大、无节无朽、纹理通直、材质较硬、有韧性的木材制成。如青冈栎、柞木、水曲柳、山毛榉木、色木、桦木等。圆棒榫含水率比家具用材低2%~3%，以便施胶后圆棒榫吸水而润胀，增加接合强度。圆棒榫制成后用塑料袋密封保存。圆棒榫的表面形式有光面、直纹、螺旋纹、网纹等（如图5-52所示），较常用的是直纹、螺旋纹圆棒。

为了提高强度和防止零件转动，通常要至少采用2个以上的圆棒榫进行接合，多个圆棒榫接合时，圆棒榫间距应优先选用与加工设备相一致的孔间距。

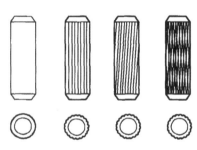

(a)光面　(b)直纹　(c)螺旋纹　(d)网纹
图5-52　圆棒榫的表面形式

（2）椭圆形榫接合

分体式椭圆形榫接合的强度要比圆棒榫高，尤其在抗绕榫轴的扭转方面更为突出。根据被连接零件断面尺寸和形状、接合部位的强度要求等情况，分体式椭圆形榫可单数使用，也可以复数使用，零件的端面（开有榫孔的端面）能为曲面，克服了整体式椭圆形榫接合只能单榫且榫肩仅可平面的缺陷。分体式椭圆形榫的尺寸目前无统一标准。

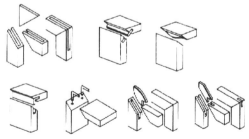

图5-53　三角形榫、矩形榫、L形榫、饼形榫接合

（3）三角形榫、矩形榫、L形榫、饼形榫接合

三角形榫、矩形榫、L形榫、饼形榫接合应用较少，图5-53给出几个实例供参考。

5.7.1.3 复合榫接合

有时因零件的断面尺寸、材料的力学性质、木材的纹理方向、接合强度要求、接合点的位置等情况，在同一接合部位上采用单一形式的榫往往难于满足接合要求，此时可采用复合榫接合。图5-54是直角榫与圆棒榫复合，这种复合榫接合常用于零件的断面尺寸较小而接合强度要求较高的情况。

图5-55是指形榫与圆棒榫复合。虽然指形榫的接合强度高，一般不需要与其他榫复合，但在L形零件上，指形榫的方向垂直于木材纹理，其强度极低，此时插入一个圆棒榫进行补强。

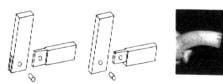

图5-54　直角榫与圆棒榫复合　　　　　图5-55　指形榫与圆棒榫复合

5.7.2 钉接合

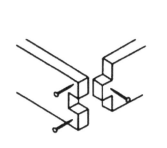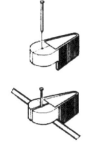

钉接合一般用于强度要求不太高、接合部位较隐秘的情况，在现代实木家具上极少用。常用的钉有平头钉、扁头气枪钉和U形气枪钉等。手工打入平头钉时，可用定位导向夹作辅助，防止钉打歪，如图5-56所示。如果是遇易劈裂的材料，需要预先钻一个导向孔，导向孔的直径约为钉直径的0.7～0.8倍。

图5-56　钉接合

5.7.3 木螺钉接合

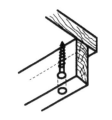

木螺钉接合一般用于强度要求一般，不便用榫接合或用榫接合太烦琐、接合部位较隐秘的情况。如桌面或椅面与框架的连接，连接的两个零件沿螺钉拧入方向，上面一个零件上应钻一个直径略大于木螺钉直径的孔，下面一个零件上应钻一个导向孔，导向孔的直径约为木螺钉直径的0.7～0.9倍，如图5-57所示。

图5-57　木螺钉接合

连接件接合用于需要拆装部位的连接。连接件的种类很多，在实木家具上比较多见的是螺纹紧固式连接件。这类连接件的特点是接合强度高、拆装方便、可拆装次数多、能再次锁紧使用中产生的松动。连接时需要用1～2个圆棒榫配合使用，圆棒榫起定位和强度辅助作用，连接件起主要强度作用。图5-58、图5-59是实木家具上常用的连接件接合方式。

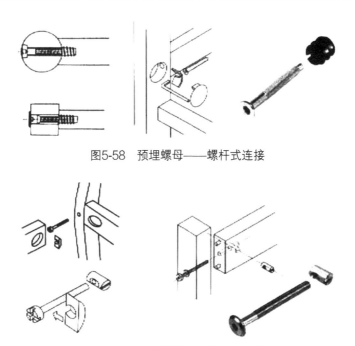

图5-58　预埋螺母——螺杆式连接

图5-59　圆柱螺母——螺杆式连接

5.7.4　胶结接合

胶结接合是木制品常用的一种接合方式，主要用于实木板的拼接及榫头和榫孔的胶合，其特点是制作简便、结构坚固、外形美观。装配使用黏合剂时，要根据操作条件、被粘木材种类、所要求的黏结性能、制品的使用条件等合理选择黏合剂。操作过程中，要掌握涂胶量、晾置和陈放、压紧、操作温度和黏结层厚度这五大要素。

木制产品行业中常用的胶黏剂种类繁多，最常用的是聚醋酸乙烯酯乳胶液胶黏剂，俗称白乳胶。它的优点是使用方便，具有良好和安全的操作性能，不易燃，无腐蚀性，对人体无刺激作用。在常温下固化快，无须加热，并可得到较好的干状胶合强度，固化后的胶层无色透明，不污染木材表面。但耐水、耐热性差，易吸湿，在长时间静载荷作用下胶层会出现变化，只适用于室内木制品。

5.8 木材的表面处理工艺

木材是传统的材料，自古以来就被用来制作家具和生活器具。由于它是一种天然的材料，所以也是最富有人情味的材料，天然的纹理和色泽具有很高的美学价值。但木材也有一些不可避免的缺点，比如节疤、裂纹、易弄污等，也影响了木材的使用效果，为了达到好的效果，需要对木材进行表面处理。

从工业设计出发，表面处理的目的首先是美化产品的外观，即按产品设计的要求调整其表面的色彩、亮度和肌理等。因此，材料本身具有的外观不符合设计要求时，必须采用适当的表面处理方法进行调整，以满足产品设计的要求。

木材的表面处理工艺分为表面基础加工处理和表面被覆处理（表5-1）。

表 5-1　木材的表面处理工艺

种类	效果	手段
表面基础加工处理	使表面平滑、光亮、美观，易于后续的深入加工处理	机械加工：砂磨、填孔 化学加工：脱色、染色
表面被覆处理	改变材料表面的物理化学性质，赋予材料新的表面肌理、色彩	有机物被覆：涂饰、覆贴 金属被覆：化学镀

5.8.1 表面基础加工处理

（1）砂磨（表5-2）

表 5-2　砂磨

定义	用木砂纸在木材表面进行顺木纹方向来回研磨的工艺
效果	去除在木加工过程中由于锯、削、刨时将木纤维切割断裂而残留在木材表面上的木刺，使木材表面更平滑
手段	机械砂磨（利用机器进行抛光、擦亮）、手工砂磨（利用砂纸）

（2）脱色（表5-3）

表5-3 脱色

定义	用具有氧化－还原反应的化学药剂对木材进行漂白处理
效果	使木材表面的色泽获得基本的统一
常用的脱色剂	双氧水、次氯酸钠、过氧化钠

（3）填孔（表5-4）

表5-4 填孔

定义	将填孔料嵌填于木材表面的裂缝、钉眼、虫眼等部位的工艺
效果	使木料表面平整

（4）染色（表5-5）

表5-5 染色

定义	用染色剂采用加压浸注和高压蒸煮等方法使木材表面或内部着色的方法或过程
手段	木材的染色一般可分为水色染色和酒色染色两种

5.8.2 表面被覆处理

（1）涂饰（表5-6）

表5-6 涂饰

定义	是用涂敷这一方法把涂料涂覆到产品或物体的表面上，并通过产生的物理或化学变化，使涂料的被覆层转变为具有一定附着力和机械强度的涂膜。产品的涂饰也称为产品的涂装或产品的涂料
效果	涂饰的功效就是使涂料的潜在功能转变成实际的功能，使工业产品能得到预期的保护和装饰效果，以及一些特殊的效能
手段	透明涂饰，用于木纹漂亮、底材平整的木制品；不透明涂饰，采用具有遮盖力的彩色涂料

（2）覆贴（表5-7）

表 5-7　覆贴

定义	将面饰材料通过黏合剂粘贴在木制品表面成为一体的一种装饰方法
效果	增加外观装饰效果，满足消费者的使用要求和审美要求
常用的覆贴材料	PVC 膜、人造革、木纹纸、薄木等

（3）化学镀（表5-8）

表 5-8　化学镀

定义	化学镀是指在没有外加电流的条件下，利用处于同一溶液中的金属盐和还原剂可在具有催化活性的基体表面上进行自催化氧化还原反应的原理，在基体表面形成金属或合金镀层的一种表面处理技术，亦称为不通电镀或自催化镀。木材主要是镀铜或金
效果	不仅能够使木材具备电磁屏蔽性能，而且由于铜和金的镀膜色泽，能够展现木制品的装饰性，增加木制品的附加值

5.9　其他相关的自然材料与工艺

5.9.1　竹子

竹子是最轻的天然材料，是世界上生长最快的草本植物，某些种类的竹子生长速度甚至可达每天1m。如果气候适宜，甚至可以在自己家门口种植竹子（这样可以降低运输成本），种植5年后可以用来建造房屋，而且竹子被收割后仍然会继续生长。竹子由于具有出色的强度与重量比，能被劈成条状，用来编织成篮子和家具，而且竹子不仅富有营养，能够药用，还可以搭建房屋，所以当你被困在一个荒岛上，竹子是最理想使用的材料。

在热带和亚热带国家，竹子已被广泛使用，流传百年的收割和建造技能为一代又一代的人们提供着生计来源和居所。竹子的种类大约有75种，在当代设计和建筑领域，这种天然材料的独特性为其使用价值的探索提供了丰富的源泉。

竹子之所以具有多种用途，是因为其纤维能够被分裂和切碎。这些纤维超越了传统的柱式结构，用于制造纺织品。和树木一样，竹板的具体特性取决于其产地，产地还会影响年轮。

竹子的用途广泛，以和竹子生长同样快的速度成长。它运用的方面包括：乐器、遮盖物、建筑、医疗、纸张、桥梁、篮子、家具、家居装饰等，以及作为防风林（图5-60）。

在我国香港，七十层楼高的建筑会用竹子当鹰架，因为它比铜材更有弯折度，能在强风中弯曲。在被台风肆虐后，往往会看到钢制鹰架倒塌，但竹制鹰架依然屹立。竹子的纤维可以撕成碎片，转化成制作织品的纤维。

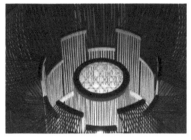

图5-60　竹子的应用

5.9.2 藤

藤是一种类似藤蔓的攀缘植物，有600多个品种，藤茎细长，质地柔韧，同时还是世界上茎秆最长的植物，长度最长可达200m。这些藤茎的长度和强度适合编制成各种产品，其中最引人注目的就是室内家具。

藤条源于一种速生植物省藤的茎秆。藤条剥皮后，藤皮用于编织，留下的藤芯在太阳下晒干用于制作家具，根据种类和粗细的不同，在被制成家具之前，需要进行一些处理。由于它固有的韧性、弹性、强度、轻量以及耐用度，在家具和篮筐制作中大量应用。

每年印度尼西亚出口的藤条大约有60万吨，占据了世界藤条市场总量的80%，在印度尼西亚的经济结构中占据着非常重要的位置。

由于藤条这种纤维柔韧性好，所以最常见的加工方法就是编制。藤条编织使用的是从藤茎剥离的表皮，剩下的藤芯可用来制造家具。不同品种的藤条直径2～40 mm，直径较大的藤条的着色和表面处理性能较好，通常经擦拭后表面会变得光亮。

除了家具之外，藤条也用来制造篮子、雨伞把手、门垫和室内与室外产品的结构。比较细的藤条可用来做绳子和麻线，藤良好的强度和韧性使藤条成了高效的手杖用材。藤条还有一些特别不寻常的应用，意大利科学家们已经通过一种化学工艺把藤条制的骨头植入到了羊的身体上，试图让藤条成为人骨的替代物（图5-61）。

图5-61　藤的应用

5.10　案例　用百分之百回收的硬纸板制作的音乐节帐篷

荷兰设计师Wout Kommer和Jan Portheine提供了一个更加环保、更易处理的替代方案——利用百分之百回收的硬纸板为音乐节制作帐篷。

帐篷完全是由未经涂层的厚纸板制作而成的，提供了一种结构上的稳定性，是普通帐篷无法实现的。每款帐篷的设计都能容纳下两个人，同时有额外的空间用于存放东西，还有3.3 m²的地板设计，小小的后窗设计实现了帐篷内的空气流动，即使阴雨绵绵，也能保证帐篷内的干燥，恶劣条件下也能像普通帐篷一样保证长达几天的良好性能。

音乐节采用此种帐篷，意味着参加音乐节的人无需携带额外的重量负担。在音乐节结束的时候，还会有专人把这些废旧帐篷运送至一个当地的回收设备处（图5-62）。

图5-62　由百分之百回收的硬纸板制作的音乐节帐篷

第**6**章

玻璃及其工艺

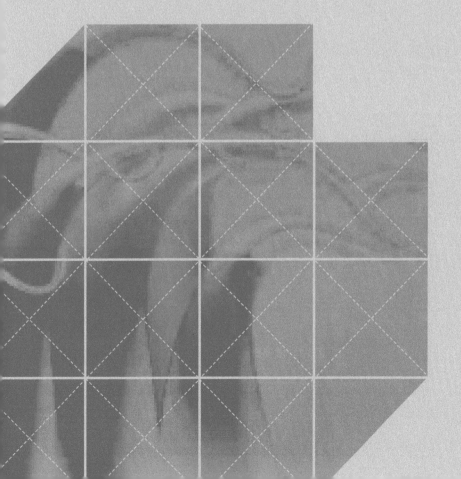

6.1 玻璃的概述

玻璃，中国古代称之为"琉琳""流离""琉璃"等，近代也称为料，是指熔融物冷却凝固所得到的非晶态无机材料。人们通常所见的大多是人造玻璃，而人们最早使用的玻璃，一般是当火山喷发时，炙热的岩浆喷出地表，迅速冷凝硬化后形成的天然玻璃。早在古埃及和美索不达米亚，玻璃已为人们所熟悉。约在公元前1600年，埃及已兴起了正规的玻璃手工业，当时首批生产的有玻璃珠和花瓶，然而，由于熔炼工艺不成熟，玻璃还不透明，直到公元前1300年，玻璃才能做得略透光线。中国在三千多年前的西周，玻璃制造技术就达到了较高的水平。

如今，玻璃已经成为现代人们日常生活、生产发展、科学研究中不可缺少的产品，并且它的应用范围随着科学技术的发展和人民生活水平的不断提高还在日益扩大。玻璃具有以下特点：

① 玻璃具有一系列独特的性质，例如透光性好，化学稳定性能好；

② 玻璃具有良好的加工性能，如可进行切、磨、钻等机械加工和化学处理等；

③ 制造玻璃所用原料在地壳上分布很广，特别是SiO_2蕴藏量极为丰富，而且价格也较便宜。

玻璃在现代的使用主要包括：在民用建筑和工业中，大量应用窗玻璃、夹丝玻璃、空心玻璃砖、玻璃纤维制品、泡沫玻璃等；交通运输部门大量使用钢化玻璃、磨光玻璃、有色信号玻璃等；化工、食品、石油等工业部门，常常使用化学稳定性和耐热性优良的玻璃；日常生活中所使用的玻璃器皿、玻璃瓶罐、玻璃餐具等更为普遍，如图6-1所示。

图6-1　玻璃器皿

随着X射线技术、近代原子能工业的发展和宇宙空间技术的发展，各种新型的特种玻璃不断出现。

6.2 玻璃的组成和分类

玻璃的主要成分是SiO_2，一般通过熔烧硅土（砂、石英或燧石），加上碱（苏打或钾碱、碳酸钾）而得到的，其中碱作为助熔剂，也可以加入其他物质，如石灰（提高稳定性）、镁（去除杂质）、氧化铝（提高光洁度）或加入各种金属氧化物得到不同的颜色。

根据玻璃的化学成分和玻璃的特性与用途，可对玻璃作出分类，如表6-1、表6-2所示。

表6-1 按玻璃的化学成分分类

类型	主要成分	特性	熔融温度/℃	操作温度/℃	用途
碳酸钠石灰玻璃	SiO_2、Na_2O、CaO	用途广泛、微溶于水	约1400	约1200	平板玻璃、餐具、器皿
碳酸钠石灰铝玻璃	SiO_2、CaO、Na_2O、Al_2O_3	难溶于水			啤酒瓶、酒瓶
铅玻璃	SiO_2、K_2O、ZnO	较软、易溶、相对密度大、曲折率大、有金属的响声	约1300	约1100	光学用玻璃、装饰用玻璃
钾石灰玻璃	SiO_2、K_2O、CaO	具有较强的力学性能、耐腐蚀和曲折率大			光学用玻璃、人造宝石、化学用玻璃
硼硅酸玻璃	SiO_2、Na_2O、CaO、Al_2O_3、B_2O_3	膨胀率小、耐热耐酸、绝缘性好	约1500	约1300	电真空管用玻璃、光学用玻璃、化学用玻璃、安瓿玻璃
碳酸钡玻璃	SiO_2、Na_2O、BaO、CaO	易溶、相对密度大			光学用玻璃
石英玻璃	SiO_2	膨胀率小、耐热			电器玻璃、化学用玻璃

表6-2 按玻璃的特性和用途分类

类型	特性及用途
容器玻璃	具有一定的化学稳定性、抗热震性和一定的机械强度，能够经受装灌、杀菌、运输等过程；可用作盛放饮料、食品、药品、化妆品等
建筑玻璃	具有采光和防护功能，应该具有良好的隔声、隔热和艺术装饰效果；可用作建筑物的门、窗、屋面、墙体及室内外装饰

类型	特性及用途
光学玻璃	无杂质、无气泡，对光纤有严格的折射、反射数据；用作望远镜、显微镜、放大镜、照相机及其他光学测量仪器的镜头
电真空玻璃	具有较高的电绝缘性和良好的加工、封接气密性能；可做成灯泡壳、显像管、电子管等
泡沫玻璃	气孔占总体积的80%~90%，相对密度小，具有隔热、吸声、强度高等优点，可采用锯、钻、钉等机械加工；应用于建筑、车辆、船舶的保温、隔声、漂浮材料
光学化纤	直径小，工艺要求高；用于传输光能、图像、信息的光缆等
特种玻璃	具有特殊用途，如半导体玻璃、激光玻璃、微晶玻璃、防辐射玻璃、声光玻璃等

6.3 玻璃的熔制

玻璃的熔制是玻璃生产过程中最重要的阶段。因为熔窑的熔化能力、玻璃的均匀性以及玻璃存在的缺陷，主要取决于玻璃熔制过程是否合理。

玻璃的熔制是一个极其复杂的过程，在此过程中按照一定质量比例由各种原料所组成的均匀配合料，在高温作用下生成均匀而黏滞的硅酸盐熔体，称为玻璃液。

玻璃的熔制过程可以分为以下4个阶段。

（1）硅酸盐的形成

普通器皿玻璃是由硅酸盐组成的。当配合料受热时，在其中进行无数各式各样物理化学变化，这些变化的结果，生成了硅酸盐熔体。

（2）玻璃的形成

玻璃的形成是硅酸盐形成过程的继续。随着温度继续升高（1200℃左右），各种硅酸盐开始熔融，同时未熔化的砂粒和其他颗粒也被全部熔解在硅酸盐熔体中而成为玻璃液，这一过程称为玻璃态的形成过程。

（3）玻璃液的澄清和均化

在玻璃形成阶段，所形成的熔体是很不均匀的，同时还含有大量的大小气泡，所以必须进行澄清和均化。所谓澄清就是从玻璃液中除去可见气泡的过程，而均化的目的则是通过对流扩散、质点运动和放出气泡的搅拌作用，以使玻璃液达到均匀。澄清和均化这两个过程是同时进行的。

玻璃熔体中夹杂气泡乃是玻璃制品的主要缺陷之一。它破坏了玻璃的均一性、透光性、机械强度和热稳定性，导致了玻璃制品质量的降低，所以严格控制澄清过程是熔制工艺中的关键环节。

（4）玻璃液的冷却

冷却是玻璃熔制过程中的最后一个阶段。澄清好的玻璃液虽然温度仍然很高（大约在1400℃），但这时玻璃液的黏度还很小，不适应玻璃制品的成型需要，故必须将玻璃液冷却，使其温度降到200～300℃，以增加黏度，使其适合于制品的成型操作。冷却时只容许个别大气泡存在于液体表面，它们在冷却过程中能自行逸出，同时在高温下随着玻璃液的冷却，气体在玻璃液中的溶解度也随之增加。有少数气体（小气泡）溶解于玻璃液中，而不易被肉眼所察觉。对不同成分的玻璃都应有自己的冷却制度，特别是用硒、锆、碳等着色的有色玻璃。

6.4 常见玻璃材料的分类

玻璃的分类方法很多，一般可以按形态分类、按用途分类、按工艺分类、按主要成分分类等，以下按照玻璃的用途主要分为通用玻璃材料和特种玻璃材料。

6.4.1 通用玻璃材料

（1）平板玻璃

在所有玻璃产品中，平板玻璃是应用最多的一种玻璃，不同厚度的平板玻璃有不同的用途（图6-2）：

① 3～4mm的玻璃，主要用于画框表面；

② 5～6mm的玻璃，主要用于外墙窗户、门等小面积透光造型等；

③ 7～9mm的玻璃，主要用于有较大面积但有框架保护的室内屏风等；

④ 9～10mm的玻璃，主要用于室内大面积隔断、栏杆等；

图6-2 平板玻璃

⑤ 11～12mm的玻璃，主要用于玻璃门和一些人流活动较密集的隔断；

⑥ 15mm以上的玻璃，一般市面上销售较少，需要预定，主要用于较大面积的玻璃门和外墙整块玻璃墙面。

（2）磨砂玻璃

磨砂玻璃是在普通玻璃表面用机械研磨、手工研磨或者化学溶蚀等方法将其表面加工成毛面的一种玻璃。磨砂玻璃表面粗糙，使光线漫反射，透光而不透视，磨砂玻璃的应用可以使室内光线柔和而不刺眼。常用于需要遮挡视线的浴室、卫生间门窗、隔断，以及一些日用品（图6-3）。

图6-3　磨砂玻璃

（3）喷砂玻璃

喷砂玻璃在视觉上与磨砂玻璃相似，不同的是加工工艺采用喷砂的方式。喷砂玻璃的加工过程是将水与金刚砂的混合物高压喷射在玻璃表面，起到打磨的作用，可以在玻璃表面加工成各种图案，如图6-4所示。多应用于器皿、灯具、室内隔断、装饰、屏风、浴室、家具、门窗等处。

图6-4　喷砂玻璃

（4）压花玻璃

压花玻璃又称为花纹玻璃或者滚花玻璃，是采用压延方法制造的一种平板玻璃。压花玻璃的物理性能基本与普通透明平板玻璃相同，不同之处在于具有透光不透明的特点，可以使光线柔和，起到保护隐私的阻隔作用。同时具有各种花纹图案，各种颜色，有一定的艺术装饰效果。压花玻璃适用于器皿、灯具、建筑的室内间隔、卫生间门窗及需要阻断视线的各种场合，如图6-5所示。

图6-5　压花玻璃

（5）夹丝玻璃

夹丝玻璃是采用压延方法，将金属丝或金属网嵌于玻璃板内制成的一种抗冲击平板玻璃，受撞击时只会形成辐射状裂纹而不会造成碎片伤人。夹丝玻璃的防火性优越，高温燃烧时不炸裂，可遮挡火焰。多用于高层建筑门窗、天窗、震动较大的厂房，以及其他要求安全、防震、防盗、防火之处（图6-6）。

（6）夹层玻璃

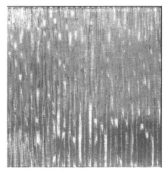

图6-6　夹丝玻璃

夹层玻璃一般由两片普通平板玻璃（或者钢化玻璃、其他特殊玻璃）和玻璃之间的有机胶合层（如尼龙等）构成。当受到破坏时，碎片仍黏附在胶层上，仍然能够保持能见度，避免了碎片对人体的伤害，多用于有安全要求的建筑、产品中，如高层建筑门窗、高压设备观察窗、动物园猛兽展窗、银行窗口、飞机和汽车挡风窗，以及水下工程等（图6-7）。

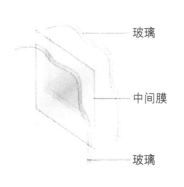

玻璃

中间膜

玻璃

图6-7　夹层玻璃

6.4.2 特种玻璃材料

（1）钢化玻璃

钢化玻璃属于安全玻璃的一种。钢化玻璃是普通平板玻璃经过二次加工处理后形成的一种预应力玻璃。通常使用化学或物理的方法，在玻璃表面形成压应力，使玻璃在承受外力时，可以抵消表层应力，从而提高了承载能力，增强了玻璃的抗风压性、寒暑性及冲击性等。钢化玻璃具有良好的热稳定性，能承受300℃的温差变化，是普通玻璃的3倍。一般情况下，钢化玻璃不容易破碎，即使受较大外力破坏，碎片也会成类似蜂窝状的钝角碎小颗粒，

图6-8 破碎后的钢化玻璃

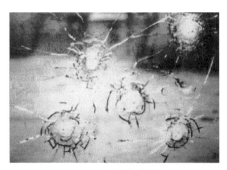

图6-9 防弹玻璃

图6-10 阳光控制镀膜玻璃

大大降低对人体可能造成的伤害，如图6-8所示。同等厚度的钢化玻璃其抗冲击强度是普通玻璃的5倍，抗拉强度是普通玻璃的3倍以上。广泛应用于高层建筑门窗、玻璃幕墙、室内隔断玻璃、采光顶棚、观光电梯通道、船舶、车辆、玻璃护栏等。

（2）防弹玻璃

防弹玻璃是由玻璃（或有机玻璃）和优质工程塑料经特殊加工得到的一种复合型材料，通常是聚碳酸酯纤维层夹在普通玻璃层中。防弹玻璃实际上就是夹层玻璃的一种，只是构成的玻璃多采用强度较高的钢化玻璃，而且夹层的数量也相对较多。另外，防弹效果取决于防弹玻璃结构中的胶片厚度，如使用1.52mm胶片的防弹玻璃的防弹效果优于使用0.76mm胶片的防弹玻璃。防弹玻璃多应用于银行等对安全要求非常高的场所（图6-9）。

（3）阳光控制镀膜玻璃

阳光控制镀膜玻璃具有良好的隔热性能。在保证室内采光柔和的条件下，阳光控制镀膜玻璃可有效地屏蔽进入室内的太阳光热能，能维持建筑内部的凉爽，避免温室效应，可以节省通风及空调费用，可用作建筑门窗、幕墙，还可用于制作高性能中空玻璃。另外，阳光控制镀膜玻璃的镀膜层具有单向透视性，故又称为单反玻璃，可以使周围建筑物及自然景观映射在整个建筑物上，显得异常绚丽光彩。在使用时应注意，使用面积不应过大，会造成光污染，影响环境的和谐。在安装单面镀膜玻璃时，应将膜层面向室内，以提高膜层的使用寿命和取得最大的节能效果（图6-10）。

（4）微晶玻璃

微晶玻璃（又称为微晶玉石或陶瓷玻璃）是利用玻璃热处理来控制晶体的生长发育而获得的一种多晶材料。微晶玻璃和我们常见的玻璃看起来大不相同，它具有玻璃和陶瓷的双重特性，普通玻璃内部的原子排列是没有规则的，这也是玻璃易碎的原因之一，而微晶玻璃像陶瓷一样，由晶体组成，也就是说，它的原子排列是有规律

图6-11　电磁炉面板

的。所以，微晶玻璃比陶瓷的亮度高，比玻璃韧性强。微晶玻璃可以用于电磁（陶）炉面板（图6-11）、天然气灶台面板、锅具、天文望远镜镜片、建筑装饰等。

（5）低辐射玻璃

低辐射玻璃也称为Low-E玻璃，即采用物理或化学方法在玻璃表面镀上含有一层或两层甚至多层膜系的金属薄膜或金属氧化物薄膜，来降低能量吸收或控制室内外能量交换。低辐射玻璃既能像普通玻璃一样让室外太阳光、可见光透过，又像红外线反射镜一样，将物体二次辐射热反射回去，在任何气候环境下使用，均能起到控制阳光、节能环保、调节及改善室内环境的作用。但要注意的是，低辐射玻璃除了影响玻璃的紫外线、遮光系数外，从某个角度上观察会有一些不同颜色显现在玻璃的反射面上。目前多用于建筑、室内外装饰领域。低辐射玻璃对太阳光中可

图6-12　大厦外层的Low-E玻璃

见光的透射率可达到80%以上，而反射率则很低，这使其与传统的镀膜玻璃相比更透明、清晰。既能保证建筑物良好的采光，又避免了以往大面积玻璃幕墙造成的光污染现象，如图6-12所示。

（6）聪敏玻璃

1992年，美国加利福尼亚大学的科研人员经研究发现，在玻璃液中添加选择性极高的在某些化合物中能变色的酶或蛋白质，玻璃液凝固后，会形成一根根玻璃丝围在大蛋白的四周。这种玻璃有足够多的孔容纳小气体分子，如氧气、一氧化碳分子。在环境监测方面，这

种智能玻璃可监测大气中的有害气体，有助于保护生态环境。在医疗诊断方面，如果做成光导纤维，它可监测血液中的气体浓度。在装饰方面，它也可以与其他种类的玻璃搭配，如雕有图案的玻璃、雾面的玻璃、晶莹剔透的玻璃任意组合，呈现不同的美感。

（7）真空玻璃

真空玻璃是将两片平板玻璃四周密封起来，将其间隙抽成真空并封闭排气孔，两片平板玻璃之间的间隙为0.1～0.2mm，两片平板玻璃中一般至少有一片是低辐射玻璃，这样就将通过真空玻璃的传导、对流和辐射散失的热降到最低，其工作原理与玻璃、不锈钢保温瓶的保温隔热原理相同。真空玻璃绝热性能极佳，具有热阻极高的特点，有很高的使用价值，还具有低碳节能、隔热保温、隔声降噪的优点，如图6-13所示。

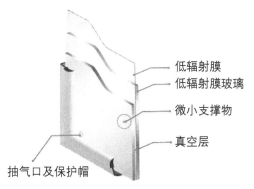

低辐射膜
低辐射膜玻璃
微小支撑物
真空层
抽气口及保护帽

图6-13　真空玻璃结构

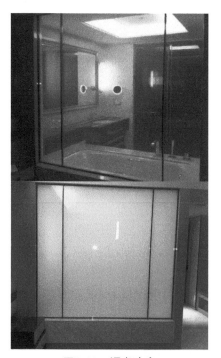

图6-14　调光玻璃

（8）调光玻璃

根据控制原理的不同，调光玻璃可由电控、温控、光控、压控等方式实现玻璃在透明与不透明状态之间的切换。目前市面上实现量产的调光玻璃，几乎都是电控型调光玻璃。电控型调光玻璃的原理是，当电控产品电源关闭时，电控型调光玻璃里面的液晶分子会呈现不规则的散布状态，使光线无法射入，让玻璃呈现不透明的外观。调光玻璃是将液晶膜复合进两层玻璃中间，经高温高压胶合后一体成型的新型光电夹层玻璃产品。调光玻璃本身不仅具有一切安全玻璃的特性，同时又具备控制玻璃透明与否的隐私保护功能。由于液晶膜夹层的特性，调光玻璃还可以作为投影屏幕使用，替代普通幕布在玻璃上呈现高清画面图像。调光玻璃价格相对而言一直较高，因此多应用于高端产品，如图6-14所示。

（9）变色玻璃

变色玻璃也称为光控玻璃，可在适当波长的光的辐照下改变其颜色，而移去光源时则恢复原来的颜色。变色玻璃是在玻璃原料中加入光色材料制成。用变色玻璃作为窗户玻璃，可使烈日下透过的光线变得柔和且有阴凉之感。变色玻璃还可用于制作太阳镜片、头盔、建筑幕墙等，如图6-15所示。

图6-15　变色镜片

（10）玻璃砖

玻璃砖是用透明或彩色原料压制成型的面状或空心盒状且体形较大的玻璃产品，主要有玻璃饰面砖、玻璃锦砖（马赛克）及玻璃空心砖等，如图6-16所示。

玻璃空心砖可以独立成为墙体，作为结构材料而非饰面材料使用，如屏风、隔断等。一般室内空间设计可以选用玻璃空心砖作为隔断，既有划分区域作用，又保留部分光线，且有良好的隔声效果，成为时下较为热门的室内、外装修材料。"水立方"国家游泳中心和上海世博会联合馆都大量使用了玻璃空心砖，如图6-17所示。

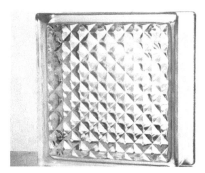

图6-16　玻璃砖

图6-17　"水立方"国家游泳中心

玻璃砖还具有良好的耐火和防火性能。玻璃砖的形式有透明玻璃砖、雾面玻璃砖、纹路玻璃砖等，它们对光线的透过程度与折射效果不同。有些玻璃砖与不同的玻璃面板结合，或采用中间夹层、网印或布艺等，衍生出丰富的效果。玻璃的纯度会影响到整块砖的色泽，纯度越高的玻璃砖，其价格也就越高。没有经过染色的透明玻璃砖，如果纯度不够，其玻璃砖色会呈绿色，缺乏自然透明感。

（11）LED玻璃

LED玻璃是一种新型环保节能产品，是LED灯和玻璃的结合体，既有玻璃的通透性，又有LED的亮度，它又称为通电发光玻璃、电控发光玻璃，最早由德国人发明。LED玻璃是一种安全玻璃，具有防紫外线、部分红外线的功能，可广泛应用于室内外产品和建筑装饰，如家具、灯具、室外幕墙、门牌、橱窗、天窗、顶棚、时尚家居饰品等领域，如图6-18所示。

图6-18　LED玻璃

6.5　玻璃的特性

玻璃的种类非常多，不同种类的玻璃具有不同的特性。随着技术的发展，不断出现具有新特性的玻璃。玻璃材料的特性很多，大体可以分为基本特性和艺术特性。

6.5.1　玻璃的基本特性

（1）强度

玻璃是一种脆性材料，在产品设计中限制了它的适用范围。玻璃的强度一般用抗拉、抗压、抗冲击强度等指标来表示。其中抗拉、抗压强度是决定玻璃产品坚固耐用的重要指标。玻璃抗压强度很高，为其抗拉强度的14～15倍。各种玻璃的抗压强度与其化学成分、杂质的含量和分布、产品的形态、厚度及加工方法有关。SiO_2含量高的玻璃具有较高的抗压强度，而CaO、Na_2O及K_2O等氧化物则会降低玻璃的抗压强度。

玻璃的抗拉强度较低，这是由玻璃表面的细微裂纹所引起的，往往经受不住张力的作用而破裂。在玻璃的成分中增加CaO的含量，可使抗拉强度显著提高。玻璃淬火后可显著提高其抗拉强度，比退火玻璃高5～6倍。块状、棒状玻璃的抗拉强度较低，而玻璃纤维的抗拉强度则很高，为块状、棒状玻璃的20～30倍。玻璃纤维直径越细，其抗拉强度越高。

为了改善玻璃的脆性，可以通过夹层、夹丝、微晶化和淬火钢化等方法来提高玻璃的抗折、抗冲击强度。

（2）硬度

玻璃的硬度较高，比一般的金属硬，用普通的刀、锯等工具无法切割。在常温下，玻璃的莫氏硬度为5～7级，要用金刚石等硬度极高的材料制作的刀具才能切割，使用金刚砂来研磨加工。

玻璃硬度的大小也不尽相同，主要取决于其化学成分。石英玻璃和硼硅玻璃（含有10%～20%的B_2O_3）的硬度较大，含碱性氧化物多的玻璃硬度较小，含PbO的晶质玻璃硬度较小。因此要根据玻璃的硬度选择磨料、磨具和加工方法，如切割、雕刻和研磨等。

（3）光学性能

玻璃是一种高度透明的材料，具有良好的透视紫外线和红外线的性能，具有感光、光变色、光存、透光功能，具有一定的光学常数，具有吸收、透过光显示等光学性能。当光线照射到玻璃表面时，一部分被玻璃表面反射，一部分被玻璃吸收，一部分透过玻璃。一般来说，光线透过得越多，被吸收得越少，玻璃的质量越好，如良好的门窗用平板玻璃（厚2mm），其透光率可达90%，反射率约8%，吸收率约2%。

各种玻璃的光学性能有很大差别，通过改变其化学成分及加工条件，可使玻璃的光学性能发生很大改变。在产品设计时，对于某些对光敏感的包装物，例如药品、化学试剂、香水等，需要对玻璃容器进行着色，以阻挡某一光波的通过，避免包装物受损。同时，玻璃具有较高的折射率，因此能制成耀眼夺目的优质玻璃器皿和艺术品。

（4）导电性能

常温下玻璃是电的不良导体，在电子工业上可作为绝缘材料使用，如用于电话、电报及电学仪器上，且玻璃织物还可以作为导线和各种电机上的绝缘材料。

随着温度的上升，玻璃的导电性会迅速提高，在熔融状态下会变为良导体。导电玻璃可用于光显示，如计算机的材料和数字钟表。有些玻璃（含有钒酸盐、硒、硫化合物等）具有电子导电性，已作为玻璃半导体广为应用。

（5）热学性能

① 热膨胀　玻璃受热后的膨胀大小，一般以热膨胀系数来表示。玻璃的热膨胀系数，在实际应用方面具有很大的意义，如不同成分的玻璃的焊接或熔接、叠层套料玻璃的制造，都要求具有近似的热膨胀系数。玻璃热膨胀系数的大小取决于其化学组成。石英玻璃的热膨胀系数最小，含Na_2O及K_2O多的玻璃制品的热膨胀系数最高。

② 导热性　玻璃的导热性很差，其热导率只有钢的1/400。玻璃的导热能力与其化学成分有关，但主要取决于密度。相同密度的玻璃，尽管成分不同，其热导率也相差极小。通常情况下，石英玻璃的导热性最好，普通钠钙玻璃的导热性最差。

③ 热稳定性　材料在经受急剧的温度变化而不致破裂的性能，称为热稳定性或耐热性。玻璃的热稳定性很差，在温度急剧变化的情况下很容易破裂。这是由于在温度急变时，玻璃内部产生的内应力超过了玻璃强度。玻璃制品的厚度越大，承受温度急剧变化的能力也越小。玻璃的热稳定性还与其化学组成、生产工艺、制品结构有关。玻璃的热稳定性与玻璃的热膨胀系数也有关，凡能降低玻璃热膨胀系数的成分都可以提高其热稳定性。石英玻璃的热稳定性最好，最大温度可达到1000℃而不破裂，将炽热的石英玻璃投入冷水中也不会破裂。

（6）化学性能

玻璃的化学性质比较稳定，通常情况下，对酸碱盐、化学试剂及气体都有较强的抵抗能力。但长期遭受侵蚀性介质的作用也会导致其外观破坏和透光性能降低。例如，玻璃长期遭受大气和雨水的侵蚀，表面会产生斑点、发毛等现象，变得晦暗。碱性溶液对玻璃的作用要比酸性溶液、水和潮气强烈得多。一些光学、化学玻璃仪器容易受周围介质（如潮湿空气）的作用，在其表面形成白斑或雾膜，因此在使用和保存时应注意。

6.5.2 玻璃的艺术特性

（1）透明性

玻璃最基本的属性是透明性，各种玻璃具有不同的透明度，有完全透明的、半透明的，还有些几乎不透明的。另外，有些玻璃是充满气泡杂质的，有些玻璃是夹丝的。非常纯净、透明的玻璃（如普通玻璃、浮法玻璃、水晶玻璃等）可以创造出明亮的光环境，除了满足采光功能要求外，还具有一种通透的艺术效果，分隔空间的同时又延续了空间，增加了空间的层次，形成内部空间的相互流通，如图6-19所示。玻璃透明无瑕的视觉效果使玻璃产品给人带来纯洁晶莹的感受，含蓄而神秘。

图6-19　玻璃隔断使空间得到连通感

（2）反射性

反射性是玻璃最重要的特性之一。例如，采用热反射玻璃和镀膜玻璃的玻璃幕墙建筑，可以从幕墙上欣赏到明朗的天空、温柔的云朵、繁华的街景，是现代城市的象征之一，如图6-20所示。但

图6-20　玻璃幕墙建筑

同时带来另一个城市环境问题——光污染。在产品设计中，反射性带来的眩光效果给人一种千变万化、绚丽夺目的视觉效果。

（3）可塑性

在不同的温度条件下，玻璃表现出不同的可塑性。不同的温度使玻璃的状态从固体到柔软再到粘连然后到熔化，使其成型方法有了非常多的可能性。熔融状态下，可使用流、沾、滴、淌、吹、铺、铸等工艺；半固体状态下，可应用捏、拉、缠、绕、剪、压、弯等工艺；在固态状态下，可采用磨、切、琢、钻、雕等工艺。这些加工工艺可创造出形形色色、千姿百态的玻璃产品，如图6-21所示。

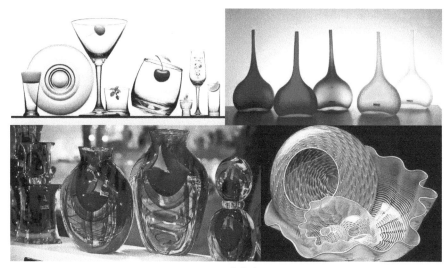

图6-21　玻璃产品

（4）透光性

透明玻璃有较高的透光率，而磨砂玻璃、压花玻璃等具有不透明而透光的特征，阻断视线而又不阻断光线，可使室内光线变得柔和、恬静，产生一种朦胧美。在一些娱乐场所采用这些玻璃，加上彩灯照耀，明暗变化，可以渲染出一种神秘而变幻莫测的气氛。

（5）多彩性

具有各种颜色的透光玻璃、反射玻璃或彩釉玻璃可以形成多姿多彩的装饰效果，如哥特式教堂中五光十色的彩色玻璃窗，各种颜色的水晶玻璃吊灯等，如图6-22所示。

图6-22　彩色玻璃窗和水晶玻璃吊灯

6.6　玻璃的成型工艺

6.6.1　吹制成型

吹制成型是一项古老而成本昂贵的玻璃成型技术，用于空心开口的玻璃容器成型，成品兼具装饰性和功能性，不同玻璃材质的选取直接决定了产品的用途。

吹制成型适用的玻璃材料有：

① 钠钙玻璃　大批量玻璃吹制最常用的材料，适合机器吹制，不适合人工吹制；

② 铅碱玻璃　家用器皿、首饰和玻璃装饰品最常用的玻璃材料；

③ 硼硅酸盐玻璃　耐高温、稳定，适合实验室玻璃器皿和厨具。

吹制成型分为人工吹制成型和机器吹制成型。

人工吹制成型的步骤如下：吹制工手持一条长约1.5m的空心铁管，一端从熔炉中蘸取玻璃液（挑料），一端为吹嘴。挑料后在滚料板（碗）上滚匀。吹气，形成玻璃料泡。可无模自由吹制，完成塑形后，割开空心铁管和成品的衔接部分，最后从吹管上敲落，使其冷却成型。

如图6-23所示，为玻璃器皿的人工吹制过程。

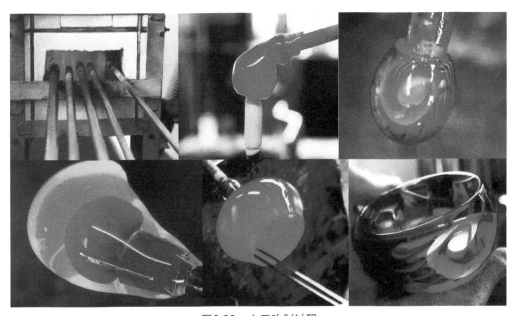

图6-23　人工吹制过程

如图6-24所示，为人工吹制成型玻璃产品。

图6-24　人工吹制成型玻璃产品

机器玻璃吹制和人工吹制最大的区别在于：允许大批量生产，但是单件成品价值较低。如图6-25所示，为啤酒瓶的机器吹制过程。

图6-25　啤酒瓶的机器吹制过程

如图6-26所示，机器吹制成型产品。

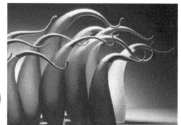

图6-26　机器吹制成型产品

6.6.2 烧拉工艺

烧拉工艺用于空心玻璃容器的烧制成型，相关产品涉及装饰工艺品和实验室器皿等，产品质量取决于烧制过程中对温度的控制和操作工的熟练程度。

玻璃烧拉工艺适合所有玻璃材料，最常用于烧拉工艺的两种玻璃为高硼硅玻璃和钠钙玻璃。

（1）高硼硅玻璃

又称"硬玻璃"，因为它具有非常强的抗化学腐蚀的特点，广泛应用于实验室器皿、玻璃药品包装和玻璃存储罐。

（2）钠钙玻璃

又称"软玻璃"，因为它的熔点相对较低，价格较便宜，所以普遍用于室内产品，如玻璃瓶、玻璃和灯管，和高硼硅玻璃不同的是，钠钙玻璃一旦成型退火便无法修改和矫正。

如图6-27所示，为实验室器皿的制作过程。

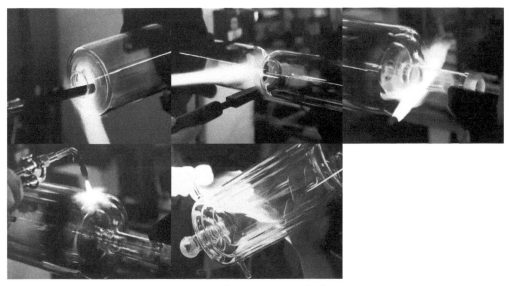

图6-27　实验室器皿的制作过程

如图6-28所示，为烧拉工艺制成的产品。

图6-28　烧拉工艺制成的产品

6.7　玻璃的二次加工

成型后的玻璃产品，除少数产品能直接使用外，大多数产品都要经过进一步加工，也就是二次加工，才能得到符合要求的产品。如日常生活中常用的玻璃镜面、鱼缸、艺术玻璃、玻璃推拉门等，都是经过二次加工才成型的。常用的二次加工可分为冷加工和热加工两大类。另外还有一些特殊的表面处理。

6.7.1　冷加工

冷加工是指在常温下通过机械方法来改变玻璃产品的外形和表面状态所进行的工艺过程。冷加工的基本方法包括：切割、钻孔、黏合、雕刻、车刻、蚀刻、套料雕刻、喷砂与磨砂、研磨与抛光等。

（1）切割

切割是根据设计要求，将大块玻璃切割成所需要的尺寸。玻璃的硬度较高，因此切割要用专用工具，如玻璃刀，玻璃刀的刀具是用金刚石所制成的。切割时，用玻璃刀紧靠尺子在玻璃表面刻下划痕，之后轻击玻璃便可沿划痕一分为二。另外用碳化硅、高压水流也能切割玻璃。

（2）钻孔

钻孔一般采用研磨钻孔。用金属材质的棒体，如金刚石钻头、硬合金钻头加上金刚砂磨料浆，利用研磨作用，使玻璃产品上形成所需要的孔。另外也有用电磁振荡、超声波、激光和高压水喷射等方法钻孔。

（3）黏合

玻璃的黏合剂有很多种，常见的有UV胶、环氧树脂黏合剂和专用的玻璃胶等。UV胶即无影胶，其特点是效果透明无痕且无气泡，但需用紫外线灯照射30s，然后再用强力的夹子夹一段时间，成本较高。环氧树脂黏合剂则可以常温固化，固化速度从数分钟到几个小时不等。有机硅胶即玻璃胶，颜色有透明的也有白色的，牙膏状，固化速度较慢。

（4）雕刻

雕刻又称为刻花，是指运用类似玉雕、石雕的工具，在玻璃材料上刻出各种形状各异的立体造型或者深浅不一的浮雕图案，如图6-29所示。雕刻分为人工雕刻和电脑雕刻两种。其中，人工雕刻需要高超的技巧和很好的审美能力，通过深浅刻痕和转折的配合，可以产生较强的立体感，再加上玻璃所特有的质感美，可以使所绘图案有呼之欲出的效果。雕刻好的玻璃若用于隔断，可以做成通透的或不透的效果，在雕刻后可以上色、夹胶等。

图6-29　雕刻加工工艺的应用

（5）车刻

车刻是传统的玻璃装饰方法，所谓车刻是指在玻璃产品表面用小型砂轮以机械方法磨刻出各种花纹图案，形成许多刻面。车刻时利用砂轮的不同形状和磨刻角度，可刻出各种立体线条，构成简洁明快的效果。多棱的刻面具有很强的装饰效果，广泛用于器皿、灯具、门窗、书柜、酒柜等产品，如图6-30所示。

（6）蚀刻

玻璃的蚀刻长期以来用氢氟酸作为蚀刻剂。首先将待刻的玻璃洗净并平置晾干，再

图6-30　车刻加工工艺的应用

将待腐蚀的玻璃表面均匀涂上一层熔化的蜡液作为保护层，待蜡液冷却凝固后用刻刀在蜡层上刻下设计好的文字或图案。雕刻时必须要刻到底，即要划开蜡层，使玻璃露出。这时将氢氟酸滴于刻好的文字或图案上，经过一定时间之后（根据所需花纹的深浅，控制腐蚀时间）用清水洗净氢氟酸，然后用热水将蜡层熔掉，即可制得具有美丽花纹的玻璃。氢氟酸腐蚀性极大且毒性大，操作时要注意不可让酸液掉到皮肤上，更不可让酸液进入眼睛。处理时要注意在通风良好之处进行，不要吸入氢氟酸气体。该方法虽然沿用已久，但是由于汽油、氢氟酸的挥发，污染严重，而氟化铵可以作为蚀刻剂代替氢氟酸，蚀刻过程中不需要保护层，污染少，操作简易，与氢氟酸相比，制得的蚀刻玻璃质量好且成本低。蚀刻玻璃可用作牌匾、装饰用品、工艺品、日用器皿等。如图6-31所示，为蚀刻玻璃艺术作品。

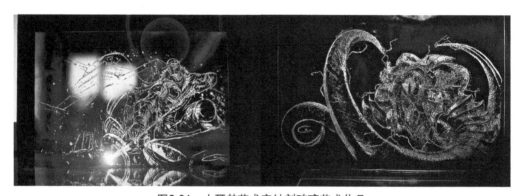

图6-31　土耳其艺术家蚀刻玻璃艺术作品

（7）套料雕刻

图6-32　清代套料雕刻礼器——
　　　　　鼻烟壶

套料雕刻是在已有两层或几层套料的玻璃体上按事先设计好的图案雕琢去表层玻璃，露出下层玻璃的颜色，也可以磨去不同的厚度得到颜色深浅不同的图案。这种使表层玻璃和底层玻璃相互衬托的加工工艺，就称为套料雕刻。玻璃套料产品色彩多变、层次丰富，既有玻璃的质色美，又有纹饰的立体美，经常运用在玻璃器皿的设计中。套料雕刻工艺的工具主要是砣轮，有时也用到砂喷枪。

套料雕刻工艺是玻璃加工工艺与雕刻工艺相结合的产物，是玻璃制作工艺史上的重要发明。在清朝康熙年间已经出现，至乾隆时期达到相当高超的水平，那时用涅白色玻璃制成器胎，再根据设计需要，将彩色玻璃料加热至半流质状，黏结在器胎表面，然后加工细部装饰，白色玻璃上套各色彩料，刻出红、绿、黄、蓝、粉红等色彩艳丽的图纹，有时也以彩色玻璃为底。用白色或彩色玻璃做装饰，其制作方法有两种，一种是在玻璃胎上满套与胎色不同的另一色玻璃，之后在外层玻璃上雕琢花纹；另一种是用经加热半熔的色料棒直接粘在胎上再雕刻花纹（图6-32）。

（8）喷砂与磨砂

喷砂与磨砂都是对玻璃表面进行朦胧化的处理，使得光线透过玻璃后形成比较均匀的散射。主要应用于器皿、灯具、室内隔断、装饰、屏风、浴室、家具、门窗等。

喷砂使用高速气流带动细金刚砂等冲击玻璃产品的表面，使玻璃形成细微的凹凸表面，从而达到散射光线的效果，使得灯光透过时形成朦胧感。喷砂可以形成图案，也可雕出较深的层次。喷砂工艺过程是先将玻璃表面覆盖塑胶质防护剂或贴上塑料薄膜作为保护膜，按图案切除相应的保护膜，使玻璃表面露出，然后进行喷砂，最后掀去保护膜。受到研磨料冲击的玻璃表面呈白色磨砂状，其余部分仍是透明的。

若将此工序反复进行多次，可使雕刻面分成几层，更具浮雕感。喷砂后玻璃的表面手感没有磨砂后的效果细腻，工艺难度一般。

磨砂是指将玻璃浸入调制好的酸性液体（或者涂抹含酸性膏体），利用强酸将玻璃表面侵蚀，强酸溶液中的氟化氢铵使得玻璃表面形成结晶体。这种加工方法可以使玻璃表面出现闪闪发光的结晶体，达到异常光滑的效果，但这是在一种临界条件下形成的，即氟化氢铵已经到了快消耗完的时候，很难控制。如果表面比较粗糙，则说明酸对玻璃侵蚀比较严重或者有部分仍然没有结晶体，该工艺技术难度较大。

（9）研磨与抛光

成型后的产品表面往往有缺陷，有些表面较粗糙，有些形状和尺寸需要进一步加工才能符合要求。

研磨是将产品先用粗磨料研磨再用细磨料研磨，最后用抛光料进行抛光处理，以获得光滑、平整的表面。通过这些工艺可将玻璃产品表面的多余部分磨掉，制成所需形状和尺寸的玻璃产品。

6.7.2 热加工

热加工的方法有爆口与烧口、火抛光、火焰切割与钻孔、槽沉成型。玻璃的热加工主要是进行某些复杂形状与特殊玻璃产品的最后定型。

（1）爆口与烧口

吹制后的玻璃，必须切割除去与吹管相连接的帽口部分，一般采用划痕和局部急冷或急热使台边裂断，这就是爆口。爆口后的产品端口常常会形成锋利、不平整的边缘。烧口就是用集中的高温火焰加热产品端口部位，利用玻璃导热性弱的特点，局部软化端口部位，在玻璃表面张力的作用下，消除不平整的瑕疵，使玻璃器皿端口部位变得美观整洁。烧口工艺广泛应用于玻璃杯、玻璃瓶等日常生活器皿及玻璃管等。烧口工艺对火焰形状、温度、均匀性等都有很高的要求。

（2）火抛光

火抛光就是利用火焰直接加热玻璃的表面，使其软化而变得光滑，以解决玻璃产品表面的料纹。但是处理后的玻璃面的平整度会有所降低。这种方法适用于钠钙玻璃、高硼硅玻璃，但可能会导致玻璃破碎。

（3）火焰切割与钻孔

火焰切割与钻孔是用高速的高温火焰对玻璃局部进行集中加热，使其熔化达到流动状态，在高速气流的作用下，局部熔化的玻璃沿切口流失，产品被切割开。对于玻璃容器也可采用内部通气加压的方式，使产品在加热部位形成孔洞。

（4）槽沉成型

槽沉成型是将玻璃块或平板玻璃置于模型上加热，使其软化，在重力作用下，软化的玻璃下沉贴附于模具表面，最后形成模具的形状，如图6-33所示。

6.8　玻璃的表面处理工艺

图6-33　槽沉成型茶几

6.8.1 玻璃彩饰

玻璃彩饰是利用釉料对玻璃产品进行装饰的过程。常见的彩饰方法有先通过手工描绘、喷花、贴花和印花等各种不同的技法，再经烧制使釉料牢固地熔附于玻璃表面。彩饰方法可以单独采用，也可以组合采用。玻璃彩饰后的产品经久耐用、平滑、色彩鲜艳、光亮，如图

6-34所示。玻璃彩饰既美观大方，又便于大量生产。

彩釉由基础釉和色料组成，一般把基础釉称为熔剂，把色料称为染料，也可称为着色剂，与色料的混合物称为彩釉或色釉。在彩釉的配方中，基础釉占彩釉的80%～95%，色料占5%～20%，具体根据着色剂的着色能力大小及设计要求而定。

图6-34　玻璃彩饰的应用

▼ 6.8.2 玻璃镀银

玻璃镀银会产生一种镜面发光效果。化学镀银首先将玻璃清洗干净，之后用氯化亚锡敏化，纯水洗净，再用银氨溶液加葡萄糖作为还原液，喷在玻璃表面静置一会儿，银会还原在玻璃表面，接着用纯净水清洗干净，然后烘干即可。如图6-35所示为玻璃镀银花瓶。

▼ 6.8.3 装饰薄膜

塑性装饰薄膜即在玻璃表面贴膜，可以改变橱窗及建筑玻璃的外观。如图6-36所示，迈阿密国际机场彩色玻璃贴膜的玻璃幕墙效果。

图6-35　玻璃镀银花瓶

图6-36　迈阿密国际机场玻璃幕墙

6.9 案例 能让显示屏自我修复的玻璃

现在问大家一个问题：使用智能手机最担心的是什么？恐怕大部分人都会选择手机碎屏作为答案吧。毕竟一个不经意间的手滑，就可能导致自己花费不少金钱去修复手机屏幕。不过在不久之后，手机碎屏问题可能将不再困扰用户。

日本东京大学研究人员发明了一种半透明高分子材料，属于有机玻璃，将两块破裂的玻璃拼接在一起，在室温下30s就能恢复原状，几个小时后能恢复到破碎前的强度。这种新型有机玻璃材料或将用于开发新型玻璃制品。

该材料的发明过程颇具戏剧性。东京大学教授相田卓三等人原本是计划研发一种全新的黏合剂，却偶然发现聚醚硫脲这种化合物具有自愈性能。这样一来，这种由聚醚硫脲制成的"自愈"玻璃便问世了。

研究人员指出，用该材料制成的玻璃如果发生断裂，只要在室温下合拢断裂部分，并稍加压力数十秒，玻璃便可"痊愈"，并且坚固依旧。东京大学发布的视频显示，一块长20mm、宽10mm、厚2mm的聚醚硫脲半透明玻璃，一裂为二后，研究人员将两块破裂的玻璃原样拼接在一起，在室温下只需30s就能恢复原状，几个小时后就能恢复到破碎前的强度，还能借助夹子勾起300g的砝码。

还有一例关于显示屏自我修复的研究。美国加州大学河滨分校科研人员开发出一种具有延展性并能导电的透明聚合物材料，这种材料由一种极性可延展的聚合物——偏氟乙烯和六氟丙烯聚合物以及离子盐构成，可以拉伸到正常尺寸的50倍，如图6-37所示。其断为两半后，能在一天之内实现完全自动对接。该技术可实现电子设备和机器人的自我修复，特别适用于手机屏幕和手机电池（让摔裂的手机屏幕修复如新，或让摔断的电池恢复供电功能）。不过这种材料在高湿度环境下表现不佳。

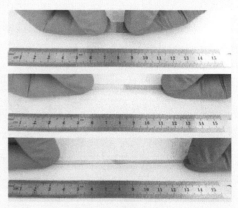

图6-37 延展性展示

第 **7** 章

陶瓷及其工艺

7.1 陶瓷的概述

陶瓷是陶器和瓷器的总称。陶器是由黏土或以黏土、长石、石英等为主的混合物，经粉碎、研磨、筛选、柔和、成型、干燥、烧制而成，烧制温度一般在900℃左右的器具；瓷器则是用瓷土烧制的器皿，也是经研磨、筛选、柔和、成型、干燥、烧制而成，烧制温度需要在1300℃左右的器具。

但是现在，人们习惯上把用黏土或瓷土制成的坯体，放置在专门的窑炉中高温烧制的器具总称为陶瓷。有关陶瓷的概念界定问题，目前还存在不同意见。广义上说，凡是用陶土和瓷土（高岭土）的无机混合物作为原料，经过研磨、筛选、柔和、成型、干燥、烧制等工艺方法制成的各种成品统称为陶瓷。

由于陶瓷泥料有着天然的亲和力，所以陶瓷器物一直受到人们的喜爱，在当下产品设计领域中陶瓷材料的运用依旧占据着重要的地位。尤其近年来有关人与自然和谐共处的问题开始普遍受到社会的关注，陶瓷材料更是以其独有的自然魅力受到大众青睐，它的价值也逐渐被大众认识和接受。在专业领域中，围绕着陶瓷产品所展开的相关研究也逐渐多了起来。

▼ 7.1.1 陶瓷在中国的发展

中国人早在新石器时代就发明了陶器,中国是世界上发明陶器最早的国家之一。古代西亚最早出现釉陶，而将釉陶提升至瓷器，则是中国最伟大的发明之一。

通过历史的演进，从最早的陶器到商朝出现的早期釉陶，到隋唐的三彩技术、元朝的青花和釉里红技术、明清时期的五彩和瓷胎画珐琅技术一直到现代陶艺，中国陶瓷的发展对世界陶瓷艺术和文化产生了深远的影响。

中国的陶器发展最早是在公元前5500～5000年。黄河流域裴李岗文化，第一次出现了双耳三足壶，以红色的泥土为主的红陶烧制。河南仰韶文化最早出现彩陶，如典型的人面网纹盆。山东出现了龙山文化出土的黄陶、蛋壳陶。在长江流域巫山一代大溪文化出土的红陶，湖北屈家岭出土的黑陶，浙江河姆渡出土的夹灰黑陶，浙江马家浜文化出土的夹砂红陶。另外，我国北方地区、西南地区、东南地区也都出土了大量陶器。陶制器物有一个缺陷就是沁水的问题，水在装入陶制器物以后会自然挥发，还会沁入陶器本身，从器壁沁出流失水分。在商代时出现了原始的瓷器，工匠们发现在烧制陶器的过程中将陶器表面涂上氧化物质一起烧制，当炉温过高，瓷釉会熔化后流下来形成釉滴。这种釉滴是近透明的玻璃态物质，它可能是最早的中国古玻璃，烧制出来后这种玻璃物质会附着在陶器上，使陶器的沁水问题得到解决，这就是原始瓷器的产生。因为这种类似玻璃的物质烧制后呈青灰色，后来把它称作青釉陶。

秦朝统一中国以后，也统一了制陶技术，陶器除了可以做成器皿类，还可以做成陶塑，最典型的就是兵马俑，如图7-1所示。兵马俑是将人物俑的头、躯干、四肢分别塑造，再黏结在一起，晾干以后分别烧制，烧制完成后组合在一起。

图7-1　兵马俑

如图7-2所示为汉武帝时期出现的一种表面挂铅釉的陶器，是汉代制陶工艺的一种创新。铅釉陶器表面的铅釉主要以氧化铁和铜作为着色剂，以铅的化合物为基本助熔剂，在700℃左右开始熔融，温度较低，属于低温釉陶。在氧化气氛下烧成，铜使釉呈现美丽的翠绿色，铁使釉呈黄褐色和棕红色，釉层精美透明，釉面光泽平滑。在南方也生产青釉陶，火度高，釉质较硬，是后来发展青瓷的开端。东汉是中后期就有了青瓷，选用一般的高岭土，使用龙窑进行烧制。

图7-2　铅釉陶器

三国两晋时期，江南陶瓷业发展迅速，所制器物注重品质，加工精细，可与金、银器相媲美。东晋南朝时期，出现了一种独特的且对后世有深远意义的白瓷，它的坯体由高岭土或瓷石等复合材料制成，在1200～1300℃的高温中烧制而成，胎体坚硬、致密、细薄而不吸水，胎体外面罩施一层釉，釉面光洁、顺滑、不脱落、剥离。这一时期的瓷器已取代了一部分陶器、漆器、铜器，成为人们日常生活

图7-3　越窑青瓷　　图7-4　邢窑白瓷

中主要的生活用品之一，被广泛用于餐饮、陈设、文房用具、丧葬明器等。

唐代瓷器更有了新的发展，瓷器的烧成温度达到1200℃，瓷的白度也达到70%以上，接近了现代高级细瓷的标准。这一成就为釉下彩和釉上彩瓷器的发展打下了基础。唐代最著名的瓷器为越窑与邢窑出产的瓷器，如图7-3、图7-4所示。

　　唐代还盛行一种独特的陶器，以黄、绿、褐为基本釉色，故名唐三彩。由于在色釉中加入不同的氧化物，经过焙烧形成了多种色彩，但多以黄、绿、褐三色为主。唐三彩的出现标志着陶器的种类和色彩更加丰富多彩，如图7-5所示。

图7-5　唐三彩

　　宋代是中国古代陶瓷发展的重要时期，北方有定窑的白釉印花瓷，官窑烧制的蟹爪纹，钧窑乳光釉和焰红釉，磁州窑烧制的釉下的青釉刻花；南方有吉州窑的黑瓷，龙泉窑的粉青釉和梅子青釉、影青，建窑的黑瓷，都各有特色。其中定窑、汝窑、官窑、哥窑、名窑，形制优美，不但超越前人的成就，连后人模仿也很难匹敌，如图7-6所示。

(a)定窑白瓷

(b) 汝窑青瓷

(c) 钧窑瓷器

(d) 官窑青瓷

(e) 哥窑瓷器

图7-6　各窑口瓷器

元代的瓷业较宋代衰落，然而这个时期也有新的发展，如青花和釉里红的兴起。白瓷成为瓷器的主流，釉色白中泛青，带动明清两代的瓷器发展。青花是在白瓷上用钴料画成的图案烧制而成，画料号用一种蓝色，但颜料的浓淡、层次都可以呈现出极其丰富多样的艺术效果，如图7-7所示。

图7-7　元青花盘　　　图7-8　元代釉里红龙纹玉壶春瓶

釉里红是以铜为呈色剂，在还原的气氛中烧成的，是烧制瓷器较难的一种，往往呈火红色或暗褐色，相当不稳定，产量不多，传世更少，如图7-8所示。

明代以前的瓷器是以青花为主，明代之后以白瓷为主，特别是青花、五彩成为明代白瓷的主要产品。到了明代几乎形成由景德镇各瓷窑一统天下的局面，景德镇瓷器产品占据了全国的主要市场，因此，真正代表明代瓷业时代特征的是景德镇瓷器。景德镇的瓷器以青花为主，其他各类产品如釉下彩、釉上彩、斗彩、单色釉等也都十分出色，如图7-9所示。

清代尤其是清初期，瓷器制作技术高超，装饰精细华美，成就不凡。如图7-10所示，为黄地珐琅彩缠枝牡丹纹碗，属于珐琅新瓷，是在康熙晚期才创烧成功的，数量极少，传世品十分罕见，尤显其珍贵。

雍正时期粉彩瓷是珐琅彩之外，清宫廷又一创烧的彩瓷。在烧好的胎釉上施含砷物的粉底，涂上颜料后用笔洗开，由于砷的乳浊作用颜色产生粉化效果，如图7-11所示。

图7-9　明代陶瓷　　　图7-10　黄地珐琅彩缠枝牡丹纹碗　　　图7-11　清雍正粉彩牡丹纹盘口瓶

另外，紫砂作为宜兴一种特有的矿产，开采用作茶具生产，一般呈赤褐色、黄色或紫色，也是在这个时期发展壮大起来的。到了民国时期官窑渐渐没落，留存下来的民窑以烧制青花、点彩的日用品为主，直到20世纪50～60年代起广东佛山、江西景德镇等地才又开始烧制瓷器，广东佛山开始研究制作骨瓷。

7.1.2 陶器与瓷器

陶器和瓷器是人们经常接触的日用品，有时从表面上看很相似，但其实各有特色。陶器一般用陶土做胎，烧制陶器的温度大体在900～1050℃之间，若温度太高，陶器就会被烧坏变形。陶器的胎体质地比较疏松，有不少空隙，因而有较强的吸水性。一般的陶器表面无釉或者施以低温釉。

陶和瓷的原料都源于自然，并都经过火的烧结发生反应，表现出陶和瓷都是火与土的艺术魅力。由于陶器的出现在前，瓷器的出现建立在陶器的基础之上，在很多方面受到了陶器的影响，如人们在火的性能掌握和对黏土特点的充分认识等。但陶与瓷无论就物理性能，还是化学成分而言，都有本质的不同。

有关陶器与瓷器的区别主要有如下几点：

① 烧成温度不同　陶器烧成温度都低于瓷器，最低甚至达到800℃以下，最高可达1100℃左右。瓷器的烧成温度则比较高，大都在1200℃以上，甚至有的达到1400℃左右。

② 坚硬程度不同　陶器烧成温度低，坯体并未完全烧结，敲击时声音发闷，胎体硬度较差，有的甚至可以用钢刀划出沟痕。瓷器的烧成温度高，胎体基本烧结，敲击时声音清脆，胎体表面用一般钢刀很难划出沟痕。

③ 使用原料不同　陶器使用一般黏土即可制坯烧成，瓷器则需要选择特定的材料，以高岭土做坯。烧成温度在陶器所需要的温度阶段，则可成为陶器，如古代的白陶就是这样烧成的。高岭土在烧制瓷器所需要的温度下，所制的坯体则成为瓷器。但是一般制作陶器的黏土制成的坯体，在烧到1200℃时，则不可能成为瓷器，会被烧熔为玻璃质。

④ 透明度不同　陶器的坯体即使比较薄也不具备半透明的特点。例如，龙山文化的黑陶，薄如蛋壳，却并不透明。瓷器的胎体无论薄厚，都具有半透明的特点。

⑤ 釉料不同　陶器有不挂釉和挂釉的两种，挂釉的陶器釉料在较低的烧成温度时即可熔融。瓷器的釉料有两种，既可在高温下与胎体一次烧成，也可在高温素烧胎上再挂低温釉，第二次低温烧成。以上几个方面中，最主要的条件是原材料和烧成温度，其他几个条件，都

与这两条密切相关。因此，制陶工匠一旦掌握了烧成温度的技术，并认识到高岭土与一般黏土的区别，便具备了发明瓷器的条件。

陶与瓷的不同之处还表现在：陶器的发明并不是一个国家或某一地区的先民的专门发明，它为人类所共有，只要具备了足够的条件，任何一个农业部落、人群都有可能制作出陶器，而瓷器则不同，它是我国独特的创造发明，不仅在国内发展迅速，而且远销海外，才使制瓷技术在世界范围内得到普及。因此，瓷器是我国对世界文明的伟大贡献之一。

7.2 陶瓷的分类

7.2.1 普通陶瓷原料

普通陶瓷材料以天然黏土为原料，混料成型，烧结而成。按原料分为黏土类、石英类和长石类三大类。

黏土是陶瓷的主要原料之一，其具有可塑性和烧结性，如图7-12所示。陶瓷工业中主要的黏土类矿物有高岭石类、蒙脱石类和伊利石（水云母）类等，主要黏土类原料为高岭土，如高塘高岭土、云南高岭土、福建龙岩高岭土、清远高岭土、从化高岭土等。

图7-12　黏土

在陶瓷生产中，石英作为瘠性原料加入陶瓷坯料中时，在烧成前可调节坯料的可塑性，在烧成时石英的加热膨胀可部分抵消坯体的收缩，如图7-13所示。将其添加到釉料中时，可提高釉料的机械强度、硬度、耐磨性、耐化学侵蚀性。石英类原料主要有釉宝石英、佛冈石英砂等。

长石是陶瓷原料中最常用的熔剂性原料，在陶瓷生产中用作坯料、釉料熔剂等基本成分稠的玻璃体，是坯料中碱金属氧化物的主要来源，能降低陶瓷坯体组分的熔化温

图7-13　石英

图7-14　长石

度，有利于成瓷和降低烧成温度，如图7-14所示。在釉料中作为熔剂，形成玻璃相。

长石类原料有南江钾长石、佛冈钾长石、雁峰钾长石、从化钠长石、印度钾长石等。

7.2.2 陶瓷材料的种类

陶瓷材料在人类生活和现代化建设中是不可缺少的一种材料。它是继金属材料、非金属材料之后人们所关注的无机非金属材料中最重要的材料之一。它兼有金属材料和高分子材料的共同优点，随着技术的提高，它的易碎性有了很大的改善。陶瓷有多种分类方法，按时间发展总体概括为传统陶瓷（普通陶瓷）和特种陶瓷（先进陶瓷）两大类，特种陶瓷分为功能陶瓷、结构陶瓷等。

一般按用途普通陶瓷可分为日用陶瓷、艺术陶瓷、建筑陶瓷等。

（1）日用陶瓷

日用瓷器是日常生活中人们接触最多，也是最为熟悉的，用来满足人们一般日常生活中所需功能的瓷具，如餐具、茶具、咖啡具、酒具及陈设瓷等。在历史上，日用瓷器是从日用陶器发展而来的，由于两者在性能与制造上有相似之处，因此人们习惯上把它们放在一起统称为日用陶瓷。

图7-15　陶瓷家具

日常使用的陶瓷根据不同的使用场合，可分为公共陶瓷和家庭陶瓷，如在宾馆、饭店、航空、铁路、医院等均有日用的陶瓷使用，可以为人们提供各种使用功能是日用陶瓷的最大特点。日用陶瓷的特点不只是实用，更体现在实用性和艺术性的结合，是作为一件精美的工艺品的同时又是满足人们需求的产品。

将陶瓷材料应用于家具设计中，不仅能体现其实用价值的优势特性，也使家具耐磨损、易清洁、不变形、不褪色，而且具有其他材料无法比拟的艺术效果，如图7-15所示。将陶瓷材料如何更广泛地应用于日用产品设计中，也是目前设计师研究的方向之一。

有关日用陶瓷的定义并没有明确的界定，从日用陶瓷的概念角度来说，陶瓷首饰也属于日用陶瓷的范畴，但制作规模和范围有着很大的局限性。陶瓷首饰是纯天然的"绿色首饰"。陶瓷取材大自然的土石，材料本身便具有许多自然特质，对人体无任何副作用，如图7-16所示。

图7-16　陶瓷首饰

目前我国陶瓷首饰发展得不够成熟，需要设计师们勇于创新，不断探索。

（2）艺术陶瓷

艺术陶瓷为陶器艺术和瓷器艺术的总称。艺术陶瓷既能观赏，还能把玩；既能使用，还能投资、收藏。从新石器时期的印纹陶、彩陶粗犷质朴的品格，唐宋陶瓷突飞猛进地发展，五彩缤纷的色釉、釉下彩、白釉的烧造成功，刻画花等多种装饰方法的出现，为后来艺术陶瓷的发展开辟了广阔的道路。陶瓷艺术品以其精巧的装饰美、意境美，陶艺的个性美、独特的材质美，形成了特有的陶瓷文化，受到了人们的喜爱。

如图7-17所示，英国的陶艺师Sophie Woodrow设计的充满魔幻的陶瓷生物。她深受维多利亚时代的人的思想所影响，在维多利亚时代的人选择将自然定义作人类的相反。因此她创作的陶瓷作品常常让人感到魔幻般怪异。以自然的元素与动物为主题，她运用了雕刻与压印等繁复的技巧，创造出表面精致的质感。

图7-17　英国的陶艺师Sophie Woodrow设计的充满魔幻的陶瓷生物

（3）建筑陶瓷

建筑陶瓷常用于建筑物饰面或者作为建筑构件。近20年来，建筑陶瓷的应用范围及用量迅速增加，从厨房、卫生间的小规模使用到大面积的室内外装修，建筑陶瓷已成为一种重要的建筑装饰材料。

图7-18　SensoWash

SensoWash是菲利普·斯塔克的得意之作，其中选用了建筑材料，使用注浆成型的方法来生产。杜拉维特SensoWash闪烁系列浴室电子冲洗坐厕产品的所有功能均由遥控器控制，电子盖板和坐垫按指令自动开关。由于采取缓冲盖板技术，座盖和座圈也可通过轻柔的手动开合。座圈通过加热功能可以按个人喜好调节温度，并由传感器检测，防止座盖过热，如图7-18所示。

7.3　陶瓷的基本特性

陶瓷是少数几种在材料外观设计、创新和材料本身研发都达到同等发达程度的材料。它既可以快速而简单地成型，也可以很坚硬且长久地保持其他物理特性。陶瓷材料既可以在学校的艺术教室或街边的陶吧让人们进行体验，也可以用在最先进的、最精密的环境或产品中。总之，陶瓷的特性很难用简单的语言来形容它。

7.3.1 陶瓷的一般特性

陶瓷是一种天然或人工合成的粉状化合物，经过成型或高温的烧结，由金属元素和非金属元素的无机化合物构成的固体材料。陶瓷材料既可以抛光出非常光滑的表面，也可以制出具有肌理效果的表面。陶瓷的多功能性和多样性使其难用简单语言来形容。

陶瓷材料具有以下共性：高硬度、高熔点、导热性差、刚性强、易碎。

7.3.2 陶瓷的力学性能

（1）刚度

刚度是由弹性模量来衡量，弹性模量反映结合键的强度，所以具有强大化学键的陶瓷都有很高的弹性模量。陶瓷的刚度是各类材料中较高的，比普通金属高若干倍。

（2）硬度

硬度是各类材料中最高的（高聚物＜20HV、淬火钢500～800HV、陶瓷1000～5000HV），硬度取决于化学键的性能，这是陶瓷的典型特点。陶瓷的硬度随温度的升高而降低，但在高温下仍有较高的数值。硬度高、耐磨性好是陶瓷材料的主要优良特性之一。

（3）强度

陶瓷的理论强度很高，由于晶体的存在，实际强度比理论值低得多。耐压（抗压强度高）、抗弯（抗弯强度高），抗拉强度很低，比抗压强度低一个数量级，有较高的高温强度。在产品设计中选择陶瓷材料时，应注意这种承载力的特点。陶瓷耐高温强度高，一般比金属还要高，有很高的抗氧化性，适合作为高温材料。

（4）塑性

陶瓷的塑性很差，在温室下几乎没有塑性。不过在高温慢速加载的条件下，陶瓷也能表现出一定的塑性，如图7-19所示。

（5）韧性和脆性

陶瓷材料为脆性材料，其表面和内部由于各种原因，如表面划伤、化学侵蚀、热胀冷缩等原因，很容易造成细微的皲裂。在受到强烈的外力撞击时，裂纹简短产生很高的应力集中，由于不

图7-19　高温弹簧

能形成塑性变形，使高的应力松弛，裂纹很快扩展发生裂变。脆性是陶瓷的最大特点，是阻碍其作为产品设计材料被广泛运用的重要原因，也是当前被研究的重要课题。

7.3.3 陶瓷的电性能和热性能

陶瓷材料膨胀性低，导热性差，多为较好的绝热材料。大多数陶瓷是良好的绝缘体，可制作扩声机、电唱机、超声波仪、声呐等，同时也有不少半导体（NiO、Fe_3O_4等）就是充分利用了陶瓷材料的电性能和热性能。

如图7-20所示，工业设计师Paolo Cappello为意大利品牌 Newblack 设计的luciano扬声器。主体完全采用来自Nove（意大利陶瓷之乡）的陶瓷材料制造，Nove是无与伦比的意大利工艺

图 7-20　luciano 陶瓷音响

的象征。正如原材料的制作过程一样，整个音响系统也完全采用手工制作，选用了高保真音响行业中顶级的元件。设计师还在实验室中通过准确的均化过程保证了超高音质，从而使得音响的声音性能进一步提高。据悉，luciano陶瓷音响共有六种颜色，光滑或亚光两种表面可供选择，除此之外还有一款24K纯金的模型。

7.3.4　陶瓷的化学性能

陶瓷的分子结构非常稳定，在以离子晶体为主的陶瓷中，金属原子为氧化原子所包围，被屏蔽在紧密排列的间隙中，很难与同介质中的氧发生作用，具有很好的耐火性或不可燃烧性，甚至在1000℃的高温下也是如此，是很好的耐火材料。另外，陶瓷对酸、碱、盐等腐蚀性很强的介质均有较强的抗腐蚀能力，与许多金属不发生作用，所以陶瓷具有很强的化学稳定性。正是因为陶瓷的化学稳定性，因而适合作为厨具、餐具用品。

7.3.5　气孔率和吸水率

气孔率和吸水率是检测陶瓷制品的主要技术指标，根据不同的用途和要求，一般日用陶瓷与工业陶瓷有着不同的质量指标。

气孔率是陶瓷致密度和烧结程度的标志，包括显气孔率和闭口气孔率。普通陶瓷总气孔率为12.5%～38%；精陶为12%～30%；原始瓷为4%～8%；硬质瓷为2%～6%。

陶瓷的吸水率是指陶瓷本身重量与吸饱水后重量的比值，是陶瓷对水的吸附渗透能力，陶瓷的吸水率与陶瓷的配方及烧成温度有很大的关系，不同的配方和温度都会造成吸水率的变化。

7.3.6　陶瓷的其他特性

除上述陶瓷的特点外，陶瓷材料也被广泛地运用到生活中。尤其是特种陶瓷广泛应用于工业机械设备、燃气具行业、汽车（摩托车）行业、纺织工业、机电行业、医疗器械等领域。随着经济的发展，高科技陶瓷的应用范围也不断扩大。陶瓷给人的诱惑或许是因为它拥有立体的特质，光洁又极易清洗，最能营造活泼、流动的三维空间。

（1）感觉性

陶瓷具备让空间产生连续性的所有特质（持久性、绝缘、抗力、多样性、经济性、节能性及可持续性）。它不仅提供了一个充满魅力的活泼环境，还能让人们想起和土地有关的古老记忆，这些都源于它自身的特点。陶瓷能激起人们的敏感心理，让空间的接触变得独特而无法忘怀。

全球领先的陶瓷品牌CEDIT一直以来为用户带来的独特高端的艺术瓷砖无疑是实验法与设计的象征，此外，个性化元素也是CEDIT品牌历史中的关键，这种特征能够合并多种不同设计，从而创造出全新的装饰及色彩解决方案。

这个意大利陶瓷品牌推出的多个系列产品，有的是对现代陶瓷制品色彩的全部潜能的探索，每块大面积陶瓷面板都可单独使用或分成更小尺寸的体块，共同创造出拥有不同色调的空间；有的则探索了陶瓷制品在多种不同风格的环境中产生的建筑效果。不仅如此，这款瓷砖还遵循了这位出生于意大利的设计师的设计哲学，即对现存材料进行回收并重新组装，创造出令人耳目一新的兼具功能性与美学特征的设计。如图7-21、图7-22所示为CEDIT的诸多设计师的作品。

图7-21　对现代陶瓷制品色彩潜能的探索设计

图7-22　对陶瓷制品在不同风格环境中不同效果的探索设计

（2）视觉可塑性

白色陶瓷给人的视觉感受如棉花一样轻盈，陶瓷纹样也是多方面的，有花草、动物、人物、山水、运气和几何纹样等。然而这些纹样与人们的衣食住行息息相关，从而陶瓷给人以亲和感。

如图7-23所示，设计师 Tal Batit利用釉面构建物品的技术，把釉面当作"胶水"的意思是全部零件都分别进行铸造、上色和蘸釉，此后再将零件组装在一起，创造出全新形态，再将组装好的形态放入窑炉，窑炉再将所有零件融合成单独一件作品，创造出的作品不仅具有充满趣味的美学特征，还分别讲述了不同的故事。

(a) the king（国王）　　(b) the clown（小丑）　　(c) spiral（螺旋）

(d) margarine（人造奶油）　　(e) the crown（皇冠）

图7-23　设计师Tal Batit作品

（3）色彩性

陶瓷的色泽非常丰富，它的奇妙缘于它在高温状态下颜色变化的不确定性。根据颜色的分类大体可分为黑瓷、青瓷、白瓷、彩瓷等。黑瓷的色彩有黑色及黑褐色等数种，由于釉中含有大量的铁，因此烧窑的时间较长，又在原焰中烧成，就会使釉中析出大量的氧化铁结晶，其成品就显露出流光溢彩的特殊花纹。白瓷颜色如银似雪，晶莹透亮，非常美观。彩瓷就是釉下彩和釉上彩的综合效果，从而形成华丽多彩的颜色，在颜色的点缀下更加充满质感。

如图7-24所示，设计师Ben Medansky 设计的工业美学风格陶瓷制品。设计师受家乡亚利桑那州的当地景观、求学之地芝加哥城以及居住地洛杉矶建筑的影响，创造性地将这些艺术风格融入他精心打造的陶瓷作品中。

这一系列作品均采用土质材料制作，探索了栅格及对称空间的几何变化，同时精心选择了灰色、黑色和蓝色作为主色调。另外，日常生活中常被忽视的工业因素（如建筑脚手架、通气孔和管道等）形成了贯穿整套作品的主题元素。

图 7-24　设计师Ben Medansky 设计的工业美学风格陶瓷制品

设计师Ben Medansky还曾获得2016年第二届巴黎家居装饰博览会美洲展最具潜力设计师奖，在展会专为最具潜力设计师提供的展示空间中，他展出了一系列容器和雕塑型作品，作品设计均结合了工业与结构元素。设计师在低调的黑色、灰色及带有斑点的米黄色中加入了亮蓝色作为点缀，这些作品建立在设计师现有作品的基础之上，同时也成为设计师寻求全新几何元素及色调的新起点。如图7-25所示，"vent"雕塑型作品将灰色、蓝色和带有斑点的米黄色结合起来

图 7-25　"vent" 雕塑型作品

（4）实用性

陶瓷材料可塑性强，可以满足人们日常所需。例如，现今日用陶瓷越来越多地成为餐桌上、书房里乃至厕所中的常用摆设。在我国古代，上至玉公贵族使用的餐具，下至平民百姓的锅碗瓢盆都有着陶瓷的身影。可见陶瓷材料在每个时代都不同程度地满足着人们的需求。陶瓷材料在家装领域的应用前景也是非常广阔的。因为它有温和的质地，多变的釉彩，丰富的肌理，以及在制作中的偶然性，赋予陶艺相比其他材料无法成就的魅力。

如图7-26所示，button系列下午茶餐具。button在英文中有圆形小装饰的意思，通过数字建模以及3D打印制作的模型，餐具的局部呈现精致的几何浮雕纹理，高温彩色瓷泥在烧制后经过水磨抛光，手感光滑细腻，它会随着使用时间呈现更加温润的质感，使用时不经意间的触摸，也颇有意外之喜。

图7-26　button系列下午茶餐具

陶瓷材料本身具有硬度强、耐磨、耐酸、耐冷等优越性特点，通过现在的科学技术手段，纳米陶瓷技术将有可能改变陶瓷材料易碎的弱点，使其成为一种高强度、高韧性的家装新型材料，这将给家具造型设计的变化带来更多的可能性。

（5）艺术性

陶瓷制作是古代一直延续下来的，所以它具有浓郁的民族艺术特征。随着生活水平的提高，人们在追求物质享受的同时，还加大了精神享受的追求，陶瓷材料不断满足着人们的个性需求。随着时代的发展，陶瓷材料发展不仅不失古朴的气质，还能跟得上时代的潮流。它不仅具有使用功能，还具有观赏的艺术性。

如图7-27所示，法国艺术家 Jean Jullien 与艺术品生产商 Case Studyo 合作推出了一款充满幽默风趣设计风格的限量版"表情托盘"（face plates）。设计师的这套色彩丰富的家居用品以高品质陶瓷为原材料，经过手工浇铸与塑模，上面的绘画图案均由Jean Jullien 亲笔所画。

设计师一共设计了 6 款托盘，每款作品的形状、色彩与特点都是独一无二的。这些表情图案有高兴、活泼，也有困倦、悲伤，展现了这位艺术家与众不同的艺术风格。

表情托盘的配色包括灰白色、珊瑚色、蓝色、浅薄荷色、粉色以及亮黄色，而形状则包括了圆形和椭圆形，因此每个形象都能给人一种独一无二、非比寻常的感觉（图7-28）。

图7-27　表情托盘一

图7-28　表情托盘二

7.4 陶瓷的加工工艺

总结起来，陶瓷的加工工艺主要分为五个步骤，如表7-1所示。

表7-1 陶瓷的加工工艺步骤

步骤	说明
制粉	将各种原材料（黏土）、石英、长石等按需磨细、混合
成型	制成需要的坯型
上釉	低温釉、高温釉
烧结	送窑炉中在规定温度下烧制
表面装饰	进行表面加工、表层改性、金属化处理、施釉彩等表面装饰

首先是陶瓷黏土成分的选择，粉粒状的原材料可以干拌或者湿拌，即原料的配制，其次是原料的成型，然后进行修坯，接着进行干燥和烧结，最后完成表面加工、表层改性、金属化处理、施釉彩等表面装饰处理，如图7-29所示。

▼ 7.4.1 制粉

（1）配料

配料是指根据配方要求，将各种原料称出所需重量，混合装入球磨机料筒中。坯料的配料主要分为白晶泥、高晶泥和高铝泥三种，而釉料的配料可分为透明釉和有色釉。

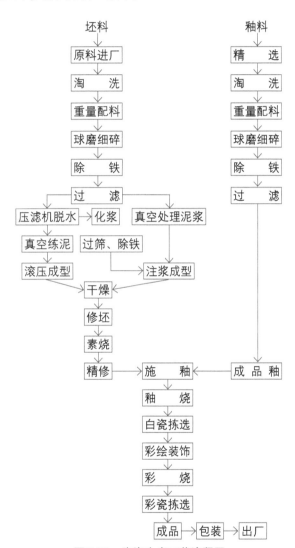

图 7-29 陶瓷生产工艺流程图

（2）球磨

球磨是指在装好原料的球磨机料筒中，加入水进行球磨。球磨的原理是靠筒中的球石撞击和摩擦，将泥料颗粒进行磨细，以达到我们所需的细度。通常，坯料使用中铝球石进行辅助球磨；釉料使用高铝球石进行辅助球磨。在球磨过程中，一般是先放部分配料进行球磨一段时间后，再加剩余的配料一起球磨，总的球磨时间按料的不同从十几个小时到三十多个小时不等。例如，白晶泥一般磨13h左右，高晶泥一般磨15～17h，高铝泥一般磨14 h左右，釉料一般磨33～38 h，但为了使球磨后浆料的细度达到制造工艺的要求，球磨的总时间会有所波动。

（3）过筛、除铁

球磨后的料浆经过检测达到细度要求后，用筛除去粗颗粒和尾砂。通常情况下，所用的筛布规格为：坯料一般在160～180目之间；釉料一般在200～250目之间。过筛后，再用湿式磁选机除去铁杂质，这个工序叫作除铁。如果不除铁，烧成的产品上会产生黑点，这就是通常所说的斑点或者杂质。过筛、除铁通常都做两次。

（4）压滤

将过筛、除铁后的泥浆通过柱塞泵抽到压滤机中，用压滤机挤压出多余水分。

（5）练泥（粗炼）

经过压滤所得的泥饼，组织是不均匀的，而且含有很多空气。组织不均匀的泥饼如果直接用于生产，就会造成坯体在此后的干燥、烧成时因收缩不均匀而产生变形和裂纹。经过粗炼后，泥段的真空度一般要求达到0.095～0.1之间。粗炼后的泥团还有另一个好处就是将泥饼做成一定规格的泥段，便于运输和存放。

（6）陈腐

将经过粗炼的泥段在一定的温度和潮湿的环境中放置一段时间，这个过程称为陈腐。陈腐的主要作用是，通过毛细管的作用使泥料中水分更加均匀分布；增加腐植酸物质的含量，改善泥料的黏性，提高成型性能；发生一些氧化与还原反应使泥料松散而均匀。经过陈腐后可提高坯体的强度，减少烧成的变形机会。通常陈腐所需的时间为5～7d，快的也有3d的。

（7）练泥（精炼）

精炼主要是使用真空练泥机中对泥段再次进行真空处理。通过精炼使得泥段的硬度、真空度均达到生产工艺所需的要求，从而使得泥段的可塑性和密度得到进一步提高，组成更加

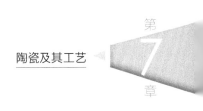
均匀，增加成型后坯体的干燥强度。同时这一工序的另一个目的就是给后续工序中成型工艺提供各种规格的泥段。

注浆泥料和釉料的制备流程基本上和可塑泥料制备流程相似，一般是将球磨后的泥浆经过压滤脱水成泥饼，然后将泥饼碎成小块与电解质加水在搅拌池中搅拌成泥浆。釉料除了采用压滤机脱水，还有采用自然脱水的。

7.4.2 成型

7.4.2.1 模具的制作

模具的制作是成型工艺的前提条件。通常模具的主要材料为石膏，因为使用石膏的成本相对较低、易于操作，而且石膏又有很好的吸水性。模种是在新产品开发时，师傅先用石膏制作一个与原版一样的模型，再用石膏在此模型的基础上倒出一套模，然后再对此模加工成模种。生产模就是在模种的基础上复制出来的。通常有浮雕的模种是用硅胶做成的，因为硅胶韧性比较好。一般情况下，按照成型方法的不同，模具可分为滚压模、挤压模和注浆模三种。

滚压模制作工艺相对比较简单，只需用石膏和水的混合物搅拌后倒模，经过十几分钟凝结后倒出即可，但用量却非常大，耗损也比较大。

挤压模需要做排水、排气处理，制作过程比较复杂，在倒入石膏前需要安装排气管，在25℃左右开始排气，连续排两三个小时，这样做有利于减少气孔、气泡，挤压模所需模具数量较少，此种模具比较耐用。

注浆模可分为空心注浆模和高压注浆模。空心注浆模的制作工艺相对比较简单，但用量却比较大；高压注浆模的制作相对比较复杂，模具本身要求的体积较大，以配合高压注浆的机器。

7.4.2.2 坯体成型

将配置好的材料制作成预定的形态，以实现陶瓷产品的使用功能与审美功能，这个工序即为坯体成型。坯体成型是陶瓷加工工艺过程中一个重要的工序。经过坯体成型，陶瓷粉料变成具有一定形状、尺寸、强度和密度的半成品。陶瓷成型的方法很多，主要有以下几种成型方式。

（1）滚压成型

滚压成型在成型时，盛放泥料的模型和滚压头绕着各自的轴以一定速度旋转，滚压头逐渐接近盛放泥料的模型，并对泥料进行"滚"和"压"的作用而成型。滚压成型可分为阳模滚压和阴模滚压，阳模滚压是利用滚头来形成坯体的外表面，此法常用于扁平、宽口的器皿和器皿内部有浮雕的产品。阴模滚压是利用滚头来形成坯体的内表面，此法常用于口径小而深的器皿或者器皿外部有浮雕的产品。滚压成型起动快，质量稳定，一般情况下会优先考虑这种成型方式。

（2）挤压成型

将精炼后的泥料，置于挤压模型内，通过液压机的作用，挤压出各种形状的坯体。异型件一般采用挤压成型来做，如三角碟、椭圆碟、方形盘等。挤压成型起动慢，质量比较稳定，但模具的制作工序相对较为复杂。

（3）注浆成型

注浆成型可分为空心注浆和高压注浆两种。注浆成型常用于一些立体件的制作，如空心罐类、壶类等产品。在现代陶瓷产品中，注浆法成型是陶瓷产品成型中一个基本的成型工艺，其成型的过程相对较为简单，即将含水量高达30%以上的流动性泥浆注入已经做好的石膏阴阳模具中，由于石膏具有吸水性，泥浆在贴近石膏模具壁时被模具吸水后形成均匀的泥层，这泥层随着停留在石膏模具中的时间长短厚度会不同。时间越长，泥层越厚。当达到所需要的厚度时，可将多余的泥浆倒出，然后该泥层继续脱水收缩，与石膏模具脱离，最后从模具中取出后即为毛坯。注浆成型适合于各种陶瓷制品，凡是形状复杂、不规则、薄的、体积比较大且对尺寸要求没有那么严格的陶瓷制品都可以用注浆成型。但由于注入泥浆过程泥浆倒入不均匀，且干燥和收缩率也比较大，所以为了使成型顺利进行并获得高质量的坯体，必须对注浆成型所用的泥浆的性能有所要求。

瓷茶具注浆成型的方法如下（图7-30）。
① 准备石膏模具；
② 用橡皮筋固定石膏模具；
③ 将泥浆倒入模具中，由于石膏模具具有吸水性，需在注浆前多观察，补充泥浆；
④ 当看到口部黏土土片的厚度已经达到3mm时，即可将模具内多余的泥浆倒出；
⑤ 将模具翻转，直至多余的泥浆完全流出，可以根据时间触摸黏土表面，以判断是否可以开模。在开模具前，先将注浆口的泥片小心切除；
⑥ 打开模具；
⑦ 注件与模具内壁分离，将坯体取出；
⑧ 待稍微干燥时小心修坯。

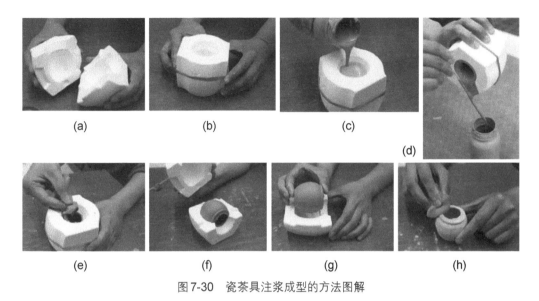

(a)   (b)   (c)

(d)

(e)   (f)   (g)   (h)

图7-30　瓷茶具注浆成型的方法图解

（4）拉坯成型

　　拉坯成型是传统制坯方法之一，如图7-31所示。最原始的是在快速转动着的轮子上，将手探进柔软的黏土里，开洞。借助螺旋运动的惯力，让黏土向外扩展、向上推升，形成筒状，然后根据想要的坯体造型用手不断控制其形态。拉坯成型是陶瓷发展到一定阶段出现的较为先进的成型工艺，是陶瓷历史上一个重大的革命。它不仅提高了工作效率，而且用这种方法制作的器物更完美、精致，同时可以拉塑出很大型的作品。现在拉坯成型都使用电动拉坯机器，拉制较大的器皿则对拉坯机的功率要求比较高。

图7-31　拉坯成型

（5）印坯成型

印坯是人工用可塑软泥在模型中翻印产品的方法，通常适用于形状不对称与精度要求不高的产品，如图7-32所示。

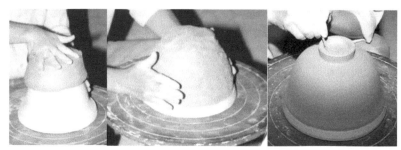

图7-32　印坯成型

（6）泥条盘筑成型

泥条盘筑成型是一种原始方法，如图7-33所示。制作时先把泥料搓成长条，然后按器型的要求从下向上盘筑成型，再用手或简单的工具将里外修饰抹平，使之成器。用这种方法制成的胚体，内壁往往留有泥条盘筑的痕迹。这种方法一般适用于大型容器。

图7-33　泥条盘筑成型

（7）覆旋法成型

覆旋法成型常用于湿黏土制作较为扁平的盘子，如图7-34所示。

将盘状的黏土放入一个转动的磨具上面，转动时形成盘子的内壁，而金属靠模形成盘子的外壁。这种工艺目前几乎已经被粉末挤压成型法所代替，粉末挤压成型法的生产速度更快，并能够进行自动化控制。覆旋法成型法在小批量生产时仍在使用，如图7-35所示。

图7-34　扁平的盘子

图7-35　覆旋法成型

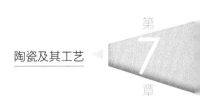
（8）仰旋法成型

仰旋法成型工艺与覆旋法成型相似，也常用于制作较深的空心器皿。首先挤压预制好的黏土泥段，切割成圆盘状，并使其接近成品造型，然后将其放进固定的辘轳中心的旋轴上。这也是与手工拉坯比较相似的地方：在辘轳的旋转中，黏土在模具中被拉起来形成坯壁，再用模型刀刮掉多余的坯泥，最后制出精准的空心器皿轮廓。

7.4.3 上釉

釉是陶瓷器表面的一种玻璃质层，釉层使陶瓷表面光洁美丽、吸水性小、易于洗涤和保持洁净。由于釉的化学性质稳定，釉面硬度大，因此使瓷器具有经久耐用和耐酸、碱、盐侵蚀的能力。如图7-36所示，为了使瓷器更美观，在陶瓷坯上施釉，从而起到装饰的作用。

上釉方法也有多种，如浸釉、淋釉、喷釉、荡釉、甩釉、刷釉等，由于釉对窑温和窑内气氛较敏感，因而烧成的产品在釉色、釉质等方面会存在一定的差异。甚

图7-36　上釉

至胎釉成分完全相同的器物，因在窑内的位置不同，烧成后有时也会呈现不同的釉色，即所谓"同窑不同器"现象，也称为"窑变"。

7.4.4 烧结

陶瓷素坯在烧结前是由许许多多单个的固体颗粒所组成的，坯体中存在大量气孔，气孔率一般为35%～60%（即素坯相对密度为40%～65%），具体数值取决于粉料自身特征和所使用的成型方法和技术。当对固态素坯进行高温加热时，素坯中的颗粒发生物质迁移，达到某一温度后坯体发生收缩，出现晶粒长大，伴随气孔排除，最终在低于熔点的温度下（一般为熔点的0.5～0.7倍）素坯变成致密的多晶陶瓷材料，这种过程称为烧结。

烧结的驱动力是粉末坯体的系统表面能减小，烧结过程由低能量晶界取代高能量晶粒表面和坯体体积收缩引起的总表面积减少来驱动，而促使坯体致密化的烧结机理包括蒸发-凝聚、晶格扩散、晶界扩散、黏滞流动等传质方式。

陶瓷烧结依据是否产生液相分为固相烧结和液相烧结。同时，陶瓷烧结涉及温度、气氛、压力等因素及其调控，由此产生了多种烧结技术。

（1）热压烧结

热压烧结是一种机械加压的烧结方法，此法是先把陶瓷粉末装在模腔内，在加压的同时将粉末加热到烧成温度，由于从外部施加压力而补充了驱动，因此可在较短时间内达到致密化，并且获得具有细小均匀晶粒的显微结构。对于共价键难烧结的高温陶瓷材料（如Si_3N_4、B_4C、SiC、TiB_2、ZrB_2），热压烧结是一种有效的致密化技术。

（2）热等静压烧结

热等静压烧结是工程陶瓷快速致密化烧结最有效的一种方法，其基本原理是以高压气体作为压力介质作用于陶瓷材料（包封的粉末和素坯，或烧结体），使其在加热过程中经受各向均衡的压力，借助于高温和高压的共同作用达到材料致密化。

（3）气压烧结

气压烧结是指陶瓷在高温烧结过程中，施加一定的气体压力，通常为N_2，压力范围在$1\sim10MPa$，以便抑制在高温下陶瓷材料的分解和失重，从而可提高烧结温度，进一步促进材料的致密化，获得高密度的陶瓷制品。

气压烧结和热等静压烧结都是采用气体作为传递压力的方法，但是两者的压力大小和压力作用是不同的。热等静压烧结中气氛压力大（$100\sim300MPa$），主要作用是促进陶瓷完全致密化。而气压烧结中，施加的气体压力小（$1\sim10MPa$），主要是抑制Si_3N_4或其他氮化物类高温材料的热分解。

与热压工艺、热等静压工艺比较，气压烧结工艺最大的优势是可以以较低的成本制备性能较好、形状复杂的产品，并实现批量化生产。

（4）微波烧结

微波烧结是利用微波与材料相互作用，导致介电损耗而使陶瓷表面和内部同时受热（即材料自身发热，也称体积性加热），因此与传统的外热源常规加热相比，微波加热具有快速、均匀、能效高、无热源污染等许多优点。

传统加热和烧结是利用外热源，通过辐射、对流、传导对陶瓷样品进行由表面到内部的加热模式，速率慢、能效低，存在温度梯度和热应力。而微波烧结陶瓷的加热是微波电磁场与材料介质的相互作用，导致介电损耗而使陶瓷材料表面和内部同时受热，这样温度梯度小，避免热应力和热冲击的出现。

大量研究探索证明，许多结构陶瓷可以应用微波烧结，氧化物陶瓷、非氧化物陶瓷以及透明陶瓷用微波烧结，可以得到致密的、性能优良的制品，且烧结时间缩短、烧结温度降低。

但是由于微波烧结陶瓷过程既涉及材料学，又涉及电磁场、固体电解质等理论，还有许多技术问题有待解决，因此，微波烧结工程陶瓷的产业化还有一段路要走。

（5）自蔓延致密化烧结

自蔓延高温合成（SHS）制备材料的工艺，最先是1967年苏联科学家AG Merzhanov等人提出，随后在各种粉体合成中广泛应用。经过半个世纪国内外科研单位及人员的研究，已取得很大进展，该技术可直接制备陶瓷、金属陶瓷、硬质合金和复合管等致密陶瓷，制品也开始工业化生产。

SHS致密化技术是指SHS过程中产物处于炽热塑性状态下借助外部载荷，可以是静载或动载甚至爆炸冲击载荷来实现致密化，有时也借助于高压惰性气体来促进致密化。这是因为通常自蔓延高温合成得到的产物为疏松状态，一般含有40%～50%的残余孔隙。

目前研究较多的SHS致密化工艺包括：①SHS-准等静压法（SHS-PIP）；②热爆-加压法；③高压自燃烧烧结法（HPCS）；④气压燃烧烧结法（GPCS）；⑤SHS-爆炸冲击加载法（SHS/DC）；⑥SHS-离心致密化等。其中，方法①、②为外加机械压力的作用，方法⑥为离心力的作用，而方法③、④、⑤为气体压力的作用。

（6）放电等离子烧结

放电等离子烧结又称"等离子活化烧结"。该技术是在模具或样品中直接施加大的脉冲电流，通过热效应或其他场效应，从而实现材料烧结的一种全新的材料制备技术。

在SPS烧结过程中，电极通入直流脉冲电流时瞬间产生的放电等离子体，使烧结体内部各个颗粒均匀地产生焦耳热并使颗粒表面活化。与自身加热反应合成法（SHS）和微波烧结法类似，SPS是有效利用粉末内部的自身发热作用而进行烧结的。SPS烧结过程中可以看作是颗粒放电、导电加热和加压综合作用的结果。除了加热和加压这两个促进因素外，在SPS技术中，颗粒间的有效放电可产生局部高温，可以使表面局部熔化、表面物质剥落；高温等离子的溅射和放电冲击清除了粉末颗粒表面杂质（如去除表面氧化物等）和吸附的气体。电场的作用是加快扩散过程。

此种烧结方法主要应用结构陶瓷、功能陶瓷、纳米陶瓷、透明陶瓷、梯度功能材料等领域。

7.4.5 表面装饰

图 7-37　釉上彩绘图

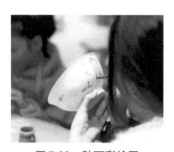

图 7-38　釉下彩绘图

图 7-39　印花陶瓷瓶

（1）彩绘

彩绘是指在陶瓷产品表面用材料绘图案花纹，是陶瓷的传统装饰方法。彩绘有釉下彩和釉上彩之分，如图7-37、图7-38所示。从时间上来说，釉下彩的年代更为久远，釉下彩最早的雏形可以追溯到宋代，一直延续至今，也可以说釉上彩源于釉下彩，釉上彩是在明代从釉下青花彩绘的基础上所创造出来的。

（2）贴花

贴花是将彩色料颜色制成花纸，再将花纸贴在坯体表面上的工艺。对于需要做贴花的产品，在其烧成经过分选后，便可以进入贴花车间进行贴花。花纸分为釉上、釉中和釉下三种，釉上是指在烧成的产品上贴花，再以800℃左右的温度进行烤花，烤花后花纸图案可以用手感觉到；釉中是指在烧成的产品上贴花，再以1200℃左右的温度进行烤花，烤花后花纸图案深入瓷器中；釉下一般用于蓝色或黑色等较深的颜色，如产品的底标，做法是在洗水上白釉后贴上底标或花纸，然后拿去烧制成瓷，或洗水贴底标或花纸后再上透明釉，最后进行烧成。

（3）印花

印花装饰是陶瓷中最古老的装饰手法之一，传统的印花是以带花纹的模印工具在未干的坯体表面压印出凹凸的纹样，再施釉烧成，如图7-39所示。这种压印花纹的方法，可利用施压和镶印成型的石膏模型的内壁制出凸形或凹形的纹样，当泥料投入成型后，坯体外部即出现凹形或凸形的纹样，经修整施釉烧成的。

① 用刻有装饰纹样的印模，在尚未干透的胎上印出花纹。

② 用刻有纹样的模子制坯，使胎上留下花纹。

③ 丝网印花分为釉上丝网印花和釉下丝网印花两种，是将彩料通过花样丝网套印在制品上，层次丰富，立体感强。

（4）饰金

用金、银、铂或钯等贵金属装饰在陶瓷表面釉上，这种方法仅限于一些高级精细制品。饰金较为常见，其他金属装饰较少。金装饰陶瓷有亮金、磨光金和腐蚀金等，亮金装饰金膜厚度很薄，容易磨损。磨光金的厚度远高于亮金装饰，比较耐用。腐蚀金装饰是在釉面用稀氢氟酸溶液涂刷无柏油的釉面部分，使之表面釉层腐蚀。表面涂一层磨光金彩料，烧制后抛光，腐蚀面无光，未腐蚀面光亮，形成亮暗不一的金色图案花，如图7-40所示。

图7-40　饰金瓶

7.5　案例　quetzal和codex系列花瓶

法国陶瓷艺术家 Hélène Morbu推出的quetzal和codex系列花瓶，探索了容器的标志性形态。同时，这两个系列设计还体现了将纺织品与陶瓷材料混合在一起的实验性与装饰性制作方法，这种方法主要受土坯的纹理影响。

在制作工艺的引导下，Hélène Morbu 使用了一种"挤压土坯"的缓慢而精细的塑造技巧，最终制作出的quetzal系列花瓶展现出一种形似编织藤条的效果。作品外观非常特别但又让人感到似曾相识，有赤土色和卡其色可供选择，这种大地色系也参考了石造建筑的外观。codex系列同样采用的类似的颜色与图案，这一系列采用砂岩制作，作品呈扁盘状，仅厚1.19 cm，同时具有雉堞状多孔表面，让人想起蕾丝或是渔网的孔洞形态。

如图7-41所示，codex系列花瓶，设计师受到了建筑中砌砖的启发，同时使用梳子挤压黏土的特殊技巧创造出独特的表面效果。

如图7-42所示，quetzal系列花瓶，设计师在精美纹理与严谨线条之间建立了一种全新的设计语言。

图 7-41　codex 系列花瓶

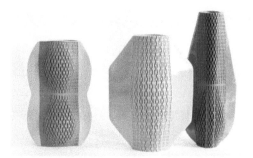

图 7-42　quetzal 系列花瓶

第 **8** 章

材料的表面处理

表面处理属于最古老的技术，原始人类的生活极其艰苦，过着群居的生活，为了生存，他们制造石器工具，应用研磨技术使石器具有锋利刃口，产生"尖劈"效果。到了新石器时代，原始人使用的石器通体经过研磨，表面细腻光滑，注重装饰效果，已成为时代主流。

在原始社会里，与研磨石器同等重要的是原始涂装技术。原始人类已具有爱美意识，在旧石器时代晚期，他们就利用矿石颜料对个人自娱小物品进行彩绘涂装。到了新石器时期，陶器的发明使原始彩涂技术发展到顶峰，形成历史上有名的彩陶艺术，揭开了表面处理涂装技术的序幕。

表面处理的目的是在基体材料表面上人工形成一层与基体的机械、物理和化学性能不同的表层的工艺方法。表面处理的目的是满足产品的耐蚀性、耐磨性、装饰或其他特种功能要求。

8.1 表面预处理

为了把物体表面所附着的各种异物（如油污、锈蚀、灰尘、旧漆 膜等）去除，提供适合于涂装要求的良好基底，以保证涂膜具有良好的防腐蚀性能、装饰性能等，在涂装之前必须对物体表面进行预处理。人们把进行这种处理所做的工作，统称为涂装前（表面）处理或（表面）预处理。

8.2 13种表面处理工艺

▼ 8.2.1 粉末喷涂

粉末喷涂是用喷粉设备（静电喷塑机）把粉末涂料喷涂到工件的表面，在静电作用下，粉末会均匀地吸附于工件表面，形成粉状的涂层;粉状涂层经过高温烘烤流平固化，变成效果各异（粉末涂料的不同种类效果）的最终涂层;粉末喷涂的喷涂效果在机械强度、附着力、耐腐蚀、耐老化等方面优于喷漆工艺，成本也在同效果的喷漆之下。

粉末喷涂虽然适合一些金属件、塑料和玻璃的表面喷涂，但是主要用于防护或着色铝材和钢材。

如图8-1所示为栏杆的粉末喷涂。

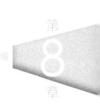

图8-1　栏杆的粉末喷涂

如图8-2所示为粉末喷涂的制品。

图8-2　粉末喷涂的制品

8.2.2 丝网印刷

丝网印刷是指通过刮板的挤压，使油墨通过图文部分的网孔转移到承印物上，形成与原稿一样的图文。丝网印刷设备简单、操作方便，印刷、制版简易且成本低廉，适应性强。丝网印刷应用范围广，常见的印刷品有：彩色油画、招贴画、名片、装帧封面、商品标牌以及印染纺织品等。

几乎所有的材料都可以丝网印刷，包括纸张、塑料、金属、陶艺和玻璃等。

如图8-3所示为丝网印刷的亚克力广告牌。

图8-3　丝网印刷的亚克力广告牌

如图8-4所示为丝网印刷的制品。

图8-4 丝网印刷的制品

8.2.3 移印工艺

移印工艺是指在不规则异型对象表面上印刷文字、图形和图像，是一种重要的特种印刷。例如，手机表面的文字和图案就是采用这种印刷方式，还有计算机键盘、仪器、仪表等很多电子产品的表面印刷都以移印完成。

几乎所有的材料都可以使用移印工艺，除了比硅胶垫还软的材质，如聚四氟乙烯（PTFE）等。

如图8-5所示为手机硅胶按键移印过程。

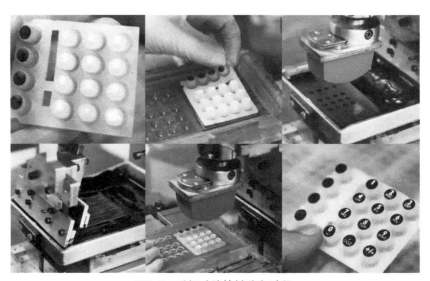

图8-5 手机硅胶按键移印过程

如图8-6所示为移印工艺制品。

图8-6 移印工艺制品

8.2.4 烫金和压印工艺

（1）烫金工艺

烫金又称烫印，是一种印刷装饰工艺。将金属印版加热，锡箔置于印刷品上压印出金色文字或图案。烫金工艺是利用热压转移的原理，将电化铝中的铝层转印到承印物表面以形成特殊的金属效果，因烫金使用的主要材料是电化铝箔，因此烫金也叫电化铝烫印（图8-7）。

图8-7 烫金工艺

（2）压印工艺

压印是将板料放在上、下模之间，在压力作用下使其材料厚度发生变化，并将挤压处的材料充塞在有起伏细纹的模具型腔凸、凹处，而在工件表面形成起伏、鼓凸和字样或花纹的一种成型方法（图8-8）。

图8-8 压印工艺

大多数材料都可进行烫金和压印工艺，其中最常见的包括皮革、纺织物、木材、纸、卡板和塑料；选材的厚度取决于材料的密度和强度，用于压印和烫金的纸张和卡板厚度应控制在2mm（0.08in）之内；塑料厚度应控制在1mm（0.04in）之内；而用于压印和烫金的皮革则不受厚度影响。

如图8-9所示为烫金和压印工艺制品。

图8-9　烫金和压印工艺制品

8.2.5 真空电镀

真空电镀是一种物理沉积现象，即在真空状态下注入氩气，氩气撞击靶材，靶材分离成分子被导电的货品吸附，形成一层均匀光滑的仿金属表面层。

很多材料可以进行真空电镀，包括金属、软硬塑料、复合材料、陶瓷和玻璃。其中最常见用于电镀表面处理的是铝材，其次是银和铜。自然材料不适合进行真空电镀处理，因为自然材料本身的水分会影响真空环境。

如图8-10所示为铰链的真空电镀。

图8-10　铰链的真空电镀

如图8-11所示为真空电镀的制品。

图8-11　真空电镀的制品

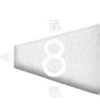

8.2.6　光蚀刻

　　光蚀刻简称光刻，利用照相手段制作抗蚀膜像，用来保护表面，在金属、塑料等上面，借助化学腐蚀剂进行腐蚀，产生表面纹理的方法。

　　大多数金属都适合光蚀刻表面处理，最常见的有不锈钢、软钢、铝、黄铜、镍、锡、铜和银。其中铝材的光蚀刻速度最快，而不锈钢的光蚀刻速度最慢。

　　玻璃、陶瓷也适合光蚀刻表面处理，只是需要不同的光阻蚀剂和化学物质。

　　如图8-12所示为光蚀刻制品。

图8-12　光蚀刻制品

8.2.7　电解抛光

　　电解抛光是指以被抛光工件为阳极，不溶性金属为阴极，两极同时浸入到电解槽中，通以直流电离反应而产生有选择性的阳极溶解，从而达到工件表面除去细微毛刺和光亮度增大的效果。

　　大多数金属都可以被电解抛光，其中最常用于不锈钢的表面抛光（尤其适用于奥氏体核级不锈钢）。不同材料不可同时进行电解抛光，甚至不可以放在同一个电解溶剂里。

　　如图8-13所示为电解抛光制品。

图8-13　电解抛光制品

8.2.8 阳极电镀

阳极电镀是一种化学电镀表面覆盖处理方法，可以改变产品的外观，改善表面颜色和纹理结构。最常见的是对钛和铝进行阳极电镀表面处理。使用不同的电压，可以产生不同的颜色（高电压=深颜色，低电压=浅颜色）。

阳极电镀只适合金属铝、金属钛和金属镁的表面电镀。

如图8-14所示为单铝合金汽车框架的阳极电镀过程。

图8-14　单铝合金汽车框架的阳极电镀过程

如图8-15所示为阳极电镀制品。

图8-15　阳极电镀制品

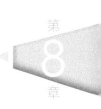
8.2.9 数控雕刻

数控雕刻用来雕刻产品的2D或3D表面，是高质量且可重复的精确工艺。数控雕刻的普及逐渐取代了传统手凿雕刻和缩放仪雕刻。另外，将不同的色彩和材料搭配数控雕刻工艺，可以快速提升产品设计的细节表现力。

几乎所有材料都可以进行数控切割，如塑料、泡沫、木、金属、石材、玻璃、陶瓷和聚合物。然而很难找到一家厂商可以同时雕刻以上所有材料，因为数控雕刻过程中会产生不少粉末，而不同材料的粉末混合在一起会增加不稳定性和易爆的可能。

如图8-16所示为单色亚克力铭牌制作。

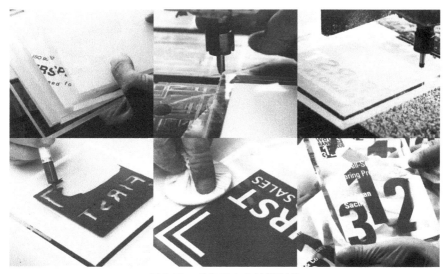

图8-16　单色亚克力铭牌制作

如图8-17所示为数控雕刻制品。

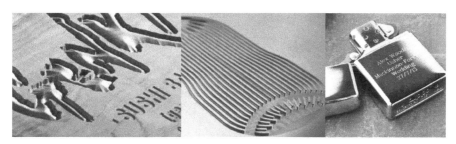

图8-17　数控雕刻制品

8.2.10 喷砂

喷砂是指利用高速砂流的冲击作用清理和粗化基体表面的过程。采用压缩空气为动力，以形成高速喷射束将喷料（铜矿砂、石英砂、金刚砂、铁砂、海南砂）喷射到工件表面。由于磨料对工件表面的冲击和切削作用，使工件的表面获得一定的清洁度和不同的粗糙度，使工件表面的机械性能得到改善，因此提高了工件的抗疲劳性，增加了它和涂层之间的附着力，延长了涂膜的耐久性，也有利于涂料的流平和装饰。

最常见用于蚀刻金属和玻璃的表面处理，但也可以用于打磨其他材料，如木材和高分子化合物。

常见砂料的选择有钢砂、氧化铝、石英砂、碳化硅等，但国内应用最多的是石英砂。

如图8-18所示为喷砂工艺过程。

8.2.11 镀锌

镀锌是指在钢铁合金材料的表面镀一层锌以起美观、防锈等作用的表面处理技术，表面的锌层是一种电化学保护层，可以防止金属腐坏，主要采用的方法是热镀锌和电镀锌。

由于镀锌工艺依赖于冶金结合技术，所以只适合钢和铁的表面处理。

如图8-19所示为镀锌工艺过程。

图8-18 喷砂工艺过程

图8-19 镀锌工艺过程

8.2.12 水转印

水转印是利用水压将转印纸上的彩色纹样印刷在三维产品表面的一种方式。随着人们对产品包装与表面装饰要求的提高，水转印的用途越来越广泛。

所有的硬材料都适合水转印，适合喷涂的材料也一定适用于水转印。最常见的为注塑件和金属件。

如图8-20所示为水转印制品。

图8-20　水转印制品

8.2.13 电镀

电镀是指利用电解作用使零件表面附着一层金属膜的工艺，从而起到防止金属氧化、提高耐磨性、导电性、反光性、抗腐蚀性及增进美观等作用，不少硬币的外层亦为电镀。

大多数金属可以进行电镀，但是不同的金属具有不同等级的纯度和电镀效率。其中最常见的有：锡、铬、镍、银、金和铑（铑是白金的一种，极其昂贵且能长久保持高亮度，可以对抗大多数化学物质和酸，最常用于对产品表面光泽度要求极高的产品，如奖杯和奖牌）。

最常用于电镀的塑料为丙烯腈－丁二烯－苯乙烯共聚物（ABS），因为ABS能承受60℃（140°F）的电镀高温，并且其电镀层和非电镀层结合强度高。

镍金属不可用于电镀接触皮肤的产品，因为镍对皮肤有刺激性且有毒性。

如图8-21所示为电镀制品。

图8-21　电镀制品

8.3 案例 用激光雕刻花纹的新型漆器

韩国设计师Jungmo Yang在研究漆器的过程中发现，当用一束激光在漆面金属上雕刻线条时，器物表面会出现金色图案，创造出非常微妙的感觉。

他的系列餐具作品以韩国传统工艺与设计基础，利用现代激光技术，在表面涂漆的金属器皿上雕刻出精美的金色图案（图8-22）。该项目旨在通过创造更合理价格与生产能力的设计，达到让工艺材料更加普及的目标。

该系列餐具作品包含杯子、杯盖与餐盘。在这一系列中，设计者为自然肌理重新定义出规则到不规则的图案，并将图案雕刻在杯盖上。尽管看似简洁，错综复杂的金色细节为该系列增添了一丝复杂感（图8-23）。

该系列餐具作品使用木材、铝材与漆等材料制作而成（图8-24）。

设计者还提供了多种不同的杯子与盘子尺寸，让顾客在根据自身喜好挑选并布置餐具时有更多选择（图8-25）。

图8-22 设计师利用激光切割技术创造出多种多样的金色图案

图8-23 微妙的金色图案

图8-24 使用木材、铝材与漆等材料制作而成的餐具作品

图8-25 配有杯盖的杯子与餐盘具有多种不同的尺寸

第 **9** 章

材料与工艺的创新

9.1　新材料的概述

新材料是指新出现的或正在发展中的，具有传统材料所不具备的优异性能和特殊功能的材料，或采用新技术（工艺、装备），使传统材料性能有明显提高或产生新功能的材料，一般可满足高技术产业发展需要的一些关键材料也属于新材料的范畴。

"新材料产业"包括新材料及其相关产品和技术装备。具体包括：新材料本身形成的产业、新材料技术及其装备制造业、传统材料技术提升的产业等。与传统材料相比，新材料产业具有技术高度密集、研究与开发投入高、产品的附加值高、生产与市场的国际性强，以及应用范围广、发展前景好等特点，其研发水平及产业化规模已成为衡量一个国家经济、社会发展、科技进步和国防实力的重要标志，世界各国特别是发达国家都十分重视新材料产业的发展。

在我国，与基本金属行业相反，新材料行业的供给则是稀缺的，特别在国民经济需求的百余种关键材料中，约三分之一国内完全空白，约一半性能稳定性较差，部分产品受到国外严密控制，国内又急切需要突破受制于人的关键战略材料。所以，从《中国制造 2025》重点领域技术路线图来看，新材料被放在了史无前例的重要地位，必将获得国家极大支持发展，迎来时代发展机遇。《中国制造 2025》重点领域技术路线图发布了新材料为十大重点领域之一，特别是关键战略材料，是支撑和保障海洋工程、轨道交通、舰船车辆、核电、航空发动机、航天装备等领域高端应用的关键核心材料，也是实施智能制造、新能源、电动汽车、智能电网、环境治理、医疗卫生、新一代信息技术和国防尖端技术等重大战略需要的关键保障材料。

因此，发展新材料具有十分重要的战略意义。国家要求到 2020 年，实现 30 种以上关键战略材料产业化及应用示范。有效解决新一代信息技术、高端装备制造业等战略性新兴产业发展的急需，关键战略材料国内市场占有率超过 70%。到 2025 年，高端制造业重点领域所需战略材料制约问题基本解决，关键战略材料国内市场占有率超过 85%。同时，随着 C919 首飞，材料企业开始为相应供应链备货。

9.2　新材料的分类

新材料作为高新技术的基础和先导，应用范围极其广泛，它同信息技术、生物技术一起成为21世纪最重要和最具发展潜力的领域。同传统材料一样，新材料可以从结构组成、功能和应用领域等多种不同角度对其进行分类，不同的分类之间相互交叉和嵌套。

新材料主要有传统材料革新和新型材料的推出构成，随着高新技术的发展，新材料与传统材料产业结合日益紧密，产业结构呈现出横向扩散的特点。

按照应用领域来划分，一般把新材料归为以下几大类。

9.2.1 信息材料

电子信息材料及产品支撑着现代通信、计算机、信息网络、微机械智能系统、工业自动化和家电等现代高技术产业。电子信息材料产业的发展规模和技术水平在国民经济中具有重要的战略地位，是科技创新和国际竞争最为激烈的材料领域。微电子材料在未来仍是最基本的信息材料，光电子材料将成为发展最快和最有前途的信息材料。信息材料主要可以分为以下三类。

① 集成电路及半导体材料　以硅材料为主体，新的化合物半导体材料及新一代高温半导体材料也是重要组成部分，也包括高纯化学试剂和特种电子气体。

② 光电子材料　包括激光材料、红外探测器材料、液晶显示材料、高亮度发光二极管材料、光纤材料等领域。

③ 新型电子元器件材料　包括磁性材料、电子陶瓷材料、压电晶体管材料、信息传感材料和高性能封装材料等。

当前的研究热点和技术前沿包括柔性晶体管、光子晶体、碳化硅（SiC）、氮化镓（GaN）、硒化锌（ZnSe）等为代表的第三代半导体材料，有机显示材料以及各种纳米电子材料等。

信息时代电子电气设备的迅猛发展在给人们带来方便的同时，也产生了大量的负面效应，如电磁信息泄露、电磁环境污染和电磁干扰等新的环境污染问题。高性能电磁波屏蔽材料已成为解决电磁波污染的关键技术。随着高频高速5G时代的到来以及可穿戴设备的发展，对电磁屏蔽材料提出了更高的要求。金属材料虽具有良好的电磁屏蔽性能，但其密度大、易腐蚀等特点限制了其进一步应用。因此，发展高效、轻质、柔性、耐腐蚀金属基电磁波屏蔽材料是一项重大挑战。

2018年6月，香港中文大学教授廖维新和中国科学院深圳先进技术研究院汪正平、孙蓉团队在国际纳米材料期刊*Small*上发表了最新研究成果Anticorrosive, ultra-light and flexible carbon-wrapped metallic nanowire hybrid sponges for highly efficient electromagnetic interference shielding（《用于高性能电磁屏蔽的耐腐蚀轻质柔性碳包覆金属纳米线杂化海绵》）。科研人员采用水热法和高温退火制备了碳包覆银纳米线杂化海绵（Ag@C），该Ag@C海绵具有超轻（密度极低为3.2 mg/cm³）、良好的力学性能（可弯折、扭曲，以及在90%压缩应变下完全恢复）

和优异的电磁波屏蔽性能（在X-band和Ku-band高于70dB）。更为重要的是，由于壳层碳对银线的有效包覆及其特殊的多孔结构，Ag@C海绵表现出超疏水（水接触角158°）和优异的耐腐蚀性能（在pH=0的硝酸溶液下浸泡7天屏蔽性能无明显变化）。该杂化海绵结合了金属优异的屏蔽性能和碳材料的轻质、柔性和耐腐蚀等优点，综合性能远优于传统金属材料和普通碳材料。该工作为开发高效、轻质、柔性、耐腐蚀金属基电磁屏蔽材料提供了新的设计思路。此外，研究团队将廉价易得的纤维素纤维与氧化石墨烯相结合，通过调控二者比例、退火温度及气氛，开发了超轻（密度仅为2.83 mg/cm^3）且力学性能优异的高效电磁屏蔽（屏蔽效能为47.8 dB）气凝胶。在该研究基础上，结合团队前期石墨烯复合材料的研究，团队还发展了一种掺杂石墨烯纸，通过对选取的大尺寸石墨烯进行碘掺杂，一方面大尺寸石墨烯具有较好的共轭结构，有利于提高其载流子传输；另一方面碘掺杂进一步提高了其载流子密度。因此，该掺杂石墨烯纸表现出优异的电磁波屏蔽性能（厚度仅为12.5μm，屏蔽效能高达52.2 dB）且力学性能相比于未掺杂石墨烯纸无明显下降。该研究工作为开发高性能石墨烯基屏蔽膜提供了新的方法。

9.2.2 能源材料

全球范围内能源消耗在持续增长，80%的能源来自化石燃料，从长远来看，需要没有污染和可持续发展的新型能源来代替化石燃料，未来的清洁能源包括氢能、太阳能、风能、核聚变能等，解决能源问题的关键是能源材料的突破，无论是提高燃烧效率以减少资源消耗，还是开发新能源及利用再生能源都与材料有着极为密切的关系。

① 传统能源所需材料　主要是提高能源利用效率，现在集中在要发展超临界蒸汽发电机组和整体煤气化联合循环技术上，这些技术对材料的要求都十分苛刻，如工程陶瓷、新型通道材料等。

② 氢能和燃料电池　包括氢能生产、储存和利用所需的材料和技术，燃料电池材料等。

③ 绿色二次电池　包括镍氢电池、锂离子电池以及高性能聚合物电池等新型材料。

④ 太阳能电池　包括多晶硅、非晶硅、薄膜电池等材料。

⑤ 核能材料　包括新型核电反应堆材料。

当前研究热点和技术前沿包括高能储氢材料、聚合物电池材料、中温固体氧化物燃料电池电解质材料、多晶薄膜太阳能电池材料等。

例如，在2018年（第九届）全球汽车论坛上，比亚迪客车研究院副院长王洪军表示，比亚迪客车的新能源技术将从六大方向发展，包括电动化、轻量化、智能化、集成化、标准化和定制化。

9.2.3 生物材料

生物材料是和生命系统结合，用以诊断、治疗或替换机体组织、器官或增进其功能的材料，它涉及材料、医学、物理、生物化学及现代高技术等诸多学科领域，已成为21世纪支柱产业之一。

目前，国际生物医用材料研究和发展的主要方向：一是模拟人体硬软组织、器官和血液等的组成、结构和功能而开展的仿生或功能设计与制备；二是赋予材料优异的生物相容性、生物活性或生命活性。就具体材料来说，主要包括药物控制释放材料、组织工程材料、仿生材料、纳米生物材料、生物活性材料、介入诊断和治疗材料、可降解和吸收生物材料、新型人造器官、人造血液等。

例如，Poly6公司在2017年用柑橘皮开发出一种名为Citrene的新型生物材料。Citrene树脂是一种强大、有韧性且安全的材料，可以生物降解。Citrene的性能优于其他材料，除了安全和环保外，还能提供更高的效率，为制造商节省成本。柑橘皮里独特的化学物质提供了先进的功能，且其主要成分是天然油，适合人类消费。

Poly6主要将Citrene应用于3D打印、喷射增材和柔性电子行业，其他应用包括：医疗产品、家居装饰、纺织品、矫形，甚至指甲油。麻省理工学院则将Citrene这种新型生物材料作为医疗应用的重点，利用美国科技公司Aether的生物打印机来探索和开发更多的医疗用途。

9.2.4 汽车材料

目前，汽车材料的需求呈现出以下特点：轻量化与环保是主要需求发展方向；各种材料在汽车上的应用比例正在发生变化，主要变化趋势是高强度钢和超高强度钢、铝合金、镁合金、塑料和复合材料的用量将有较大的增长，汽车车身结构材料将趋向多材料设计方向。同时汽车材料的回收利用也受到更多的重视，电动汽车、代用燃料汽车专用材料以及汽车功能材料的开发和应用工作不断加强。

例如，为顺应汽车轻量化与安全性发展的双重要求，作为车身结构件首选材料的钢材正向着高强度化不断发展。目前，车身用高强钢比例已达到60%，强度级别也在不断攀升。

在2018年亚洲汽车轻量化展览会上，中国宝武钢铁集团有限公司（简称宝钢股份）和马钢（集团）控股有限公司（简称马钢）的白车身、首钢集团的冷轧复相钢、瑞钢钢板（中国）有限公司（简称瑞钢）的超高强度马氏体钢、本溪钢铁（集团）有限责任公司（简称本钢）的高强度热成型钢纷纷亮相，本钢还全球首发高强度热冲压成型钢PHS2000，高强度薄壁化的应用可实现单件减重20%。另外，随着塑料及复合材料在汽车上的应用越来越多，专家预计再过不久，汽车平均塑料用量将达到500kg/辆。塑料的大量应用依赖于材料技术的不断进步。近年来，低密度塑料、微发泡塑料、碳纤/长玻纤增强复合材料等一系列高性能塑料及复合材料的开发和应用让汽车减重效果明显提升。一批专注于车用高性能塑料及复合材料开发与应用的企业在展会上全面展示了塑料及复合材料在车门板、前端模块、保险杠、发动机盖等部位的创新应用。

9.2.5 纳米材料与技术

纳米材料与技术将成为第5次推动社会经济各领域快速发展的主导技术，21世纪前20年将是纳米材料与技术发展的关键时期。纳电子代替微电子、纳加工代替微加工、纳米材料代替微米材料、纳米生物技术代替微米尺度的生物技术，这已是不以人的意志为转移的客观规律。

纳米材料与科技的研究开发大部分处于基础研究阶段，如纳米电子与器件、纳米生物等高风险领域，还没有形成大规模的产业。但纳米材料与技术在电子信息产业、生物医药产业、能源产业、环境保护等方面，对相关材料的制备和应用都将产生革命性的影响。

例如，工业一直是我国能源消耗的大户。钢铁、石化、电力等高耗能行业的能源消费占整个工业能耗比重的70%以上。而为了实现真正的工业节能降耗，耐高温新材料、新技术的应用势在必行。在2018年5月底天津市节能协会主办的"绿色节能新材料气凝胶应用技术论坛"上，天津摩根坤德高新科技有限公司发布的新型纳米绝热材料赢得了与会人员的极大关注。这种拥有神奇的绝热性能的新型材料是一种叫作气凝胶的物质。其实气凝胶不是胶，而是一种物质形态，由90%以上的空气和不足10%的固体构成，可以承受相当于自身质量几千倍的压力。

气凝胶之所以具有超级绝热性能主要源于其特殊的纳米微孔结构。由于材料内部形成的微孔直径小于空气分子的平均自由行程，分子间的碰撞传热受到抑制，再加上热辐射遮蔽成分的作用，使该材料在高温下可达到比静止空气还低的热导率，纳米绝热材料的隔热效果是传统隔热材料的4倍。相比传统保温材料，纳米绝热材料可长期在1000℃的区间温度环境下工作，用作隔热保温层，具有良好的热稳定性，可作绝热层，使用寿命在15年以上，可大幅减少热损失，降低能源消耗，提高节能效果。

9.2.6 超导材料与技术

超导材料与技术是21世纪具有战略意义的高新技术，具有零电阻效应、迈斯纳效应和约瑟夫森效应等物理特性，这使其在大电流、强磁场、微弱信号检测等诸多基础领域具有广阔的应用前途和无与伦比的优势，广泛用于能源、医疗、交通、科学研究及国防军工等重大领域。超导材料的应用主要取决于材料本身性能及其制备技术的发展。

目前，低温超导材料已经达到实用水平，高温超导材料产业化技术也取得重大突破，高温超导带材和移动通信用高温超导滤波子系统将很快进入商业化阶段。对新超导材料的探索和高温超导机理的研究是当前凝聚态物理中的重要研究方向。自从铜氧化物和铁基高温超导发现以来，人们寻找新型高温超导材料的目光更多地转向了过渡元素化合物。对于3D元素Cr，长期以来仅在几种二元合金中发现超导。一直到2014年，研究者们相继在Cr_2Re_3B（$Tc \sim 4.8$ K）、CrAs（高压下$Tc \sim 2$ K）和$K_2Cr_3As_3$（以及$Rb_2Cr_3As_3$和$Cs_2Cr_3As_3$，Tc 分别为6.1 K、4.8 K、2.2 K）中发现了超导现象。其中$K_2Cr_3As_3$体系由于具有准一维的晶格结构和可能的自旋三重态超导配对而引人关注。其中中国科学院物理研究所（北京凝聚态物理国家研究中心超导实验室）SC10组长期坚持新型超导材料的探索研究，至今已发现二十多种新超导体，并通过研究发现了新型结构和更高的准一维Cr基超导体。

9.2.7 稀土材料

稀土材料是利用稀土元素优异的磁、光、电等特性开发出的一系列不可取代的、性能优越的新材料。稀土材料被广泛应用于冶金机械、石油化工、轻工农业、电子信息、能源环保、国防军工等多个领域，是当今世界各国改造传统产业、发展高新技术和国防尖端技术不可缺少的战略物资。

新型的稀土材料主要包括：

① 稀土永磁材料　其是发展最快的稀土材料，包括钕磁铁（NdFeB）、钐钴（SmCo）等，广泛应用于电机、电声、医疗设备、磁悬浮列车及军事工业等高技术领域。

② 贮氢合金　主要用于动力电池和燃料电池。

③ 稀土发光材料　包括新型高效节能环保光源用稀土发光材料，高清晰度、数字化彩色电视机和计算机显示器用稀土发光材料，以及特种或极端条件下应用的稀土发光材料等。

④ 稀土催化材料　发展重点是替代贵金属、降低催化剂的成本，提高抗中毒性能和稳定性能。

稀土在其他新材料中的应用：如精密陶瓷、光学玻璃、稀土刻蚀剂、稀土无机颜料等方面也正在以较高的速度增长，如稀土电子陶瓷、稀土无机颜料等。

▼ 9.2.8 新型钢铁材料

钢铁材料是重要的基础材料，广泛应用于能源开发、交通运输、石油化工、机械电力、轻工纺织、医疗卫生、建筑建材、家电通信、国防建设以及高科技产业，并具有较强的竞争优势。

新型钢铁材料发展的重点是高性钢铁材料，其方向为高性能、长寿命，在质量上已向组织细化和精确控制，提高钢材洁净度和高均匀度方向发展。

▼ 9.2.9 新型有色金属合金材料

主要包括铝、镁、钛等轻金属合金以及粉末冶金材料、高纯金属材料等。

① 铝合金　包括各种新型高强、高韧，高比强、高比模，高强耐蚀可焊，耐热、耐蚀铝合金材料，如Al-Li合金等；

② 镁合金　包括镁合金和镁-基复合材料、超轻高塑性Mg-Li-X系合金等；

③ 钛合金材料　包括新型医用钛合金、高温钛合金、高强钛合金、低成本钛合金等；

④ 粉末冶金材料　产品主要包括铁基、铜基汽车零件、难熔金属、硬质合金等；

⑤ 高纯金属及材料　材料的纯度向着更纯化方向发展，其杂质含量达PPB级，产品的规格向着大型化方向发展。

例如，得了冠心病最怕的就是做支架，"金属心"的副作用更是让人闻之色变。目前公认的没有副作用的治疗方式只有可降解心脏支架，而第四代可降解支架受限于生物材料的独特属性，治疗上不具备普适性。第五代可降解支架（Magmaris BRS）——镁合金全吸收支架已被我国香港的医院成功引进，为广大心血管疾病患者带来更多治疗选择（图9-1）。

图9-1　第五代可降解支架

▼ 9.2.10 新型建筑材料

新型建筑材料主要包括新型墙体材料、化学建材、新型保温隔热材料、建筑装饰装修材料等。国际上建材的趋势正向环保、节能、多功能化方向发展。

其中玻璃的发展趋势是向着功能型、实用型、装饰型、安全型和环保型五个方向发展，包括对玻璃原片进行表面改性或精加工处理，节能的低辐射（Low-E）和阳光控制低辐射（Sun-E）膜玻璃等。此外，还包括节能、环保的新型房建材料，以及满足工程特殊需要的特种系列水泥等。

9.2.11 新型化工材料

化工材料在国民经济中有着重要地位，在航空航天、机械、石油工业、农业、建筑业、汽车、家用电器、电子、生物医药行业等都起着重要的作用。

新型化工材料主要包括有机氟材料、有机硅材料、高性能纤维、纳米化工材料、无机功能材料等，其中纳米化工材料和特种化工涂料是近年来的研究热点。精细化、专用化、功能化成了化工材料工业的重要发展趋势。

9.2.12 生态环境材料

生态环境材料是在人类认识到生态环境保护的重要战略意义和世界各国纷纷走可持续发展道路的背景下提出来的，一般认为生态环境材料是具有令人满意的使用性能，同时又被赋予优异的环境协调性的材料。

这类材料的特点是消耗的资源和能源少，对生态和环境污染小，再生利用率高，而且从材料制造、使用、废弃直到再生循环利用的整个寿命过程都与生态环境相协调。

例如，我国科学家研发出一种新材料，将其平铺在黑臭水体表面，太阳光照射两周内，可明显改善水质。这种新材料由三维石墨烯管和黑色二氧化钛两种特殊材料混合而成，治污原理是：物理吸附＋光化学催化降解。

这种新材料在处理印染废水、制革废水等工业污水方面也有突出成效。例如，添加1g新材料可吸附1.476g铅离子，简单酸化处理后，重金属离子可回收并被加工成各类高附加值材料。

另外，新材料还具备成本优势。市面材料20min可降解完成，而新材料只需2～3min，降解速度大幅提高，但制备成本与市面材料相当。

9.2.13 军工新材料

军工材料对国防科技、国防力量和国民经济的发展具有重要推动作用，是武器装备的物质基础和技术先导，是决定武器装备性能的重要因素，也是拓展武器装备新功能和降低武器装备寿命费用、取得和保持武器装备竞争优势的原动力。

随着武器装备的迅速发展，起支撑作用的材料技术发展呈现出以下趋势。

① 复合化　通过微观、介观和宏观层次的复合大幅度提高材料的综合性能；

② 多功能化　通过材料成分、组织、结构的优化设计和精确控制，使单一材料具备多项功能，达到简化武器装备结构设计，实现小型化、高可靠性的目的；

③ 高性能化　材料的综合性能不断优化，为提高武器装备的性能奠定物质基础；

④ 低成本化　低成本技术在材料领域是一项高科技含量的技术，对武器装备的研制和生产具有越来越重要的作用。

9.2.14 3D打印材料

3D打印是快速成型技术的一种，它是一种以数字模型文件为基础，运用粉末状金属或塑料等可黏合材料，通过逐层打印的方式来构造物体的技术。常在模具制造、工业设计等领域被用于制造模型，后逐渐用于一些产品的直接制造，已经有使用这种技术打印而成的零部件。该技术在珠宝、鞋类、工业设计、建筑、工程和施工、汽车、航空航天、牙科和医疗产业、教育、地理信息系统、土木工程、枪支以及其他领域都有所应用。

3D打印常用材料有尼龙玻纤、聚乳酸、ABS树脂、耐用性尼龙材料、石膏材料、铝材料、钛合金、不锈钢、镀银、镀金、橡胶类材料。3D打印技术及材料见表9-1。

表9-1　3D打印技术及材料

类型	累积技术	基本材料
挤压	熔融沉积式成型法（FDM）	热塑性塑料、共晶系统金属、可食用材料
线	电子束自由成型制造（EBF）	几乎任何合金
粒状	直接金属激光烧结（DMLS）	几乎任何合金
	电子束熔化成型（EBM）	钛合金
	选择性激光熔化成型（SLM）	钛合金、钴铬合金、不锈钢、铝
	选择性热烧结（SHS）	热塑性粉末
	选择性激光烧结（SLS）	热塑性塑料、金属粉末、陶瓷粉末

续表

类型	累积技术	基本材料
粉末层喷头3D打印	石膏3D打印（PP）	石膏
层压	分层实体制造（LOM）	纸、金属膜、塑料薄膜
光聚合	立体平版印刷（SLA）	光硬化树脂
	数字光处理（DLP）	光硬化树脂

3D打印技术的应用领域如下所述。

（1）军事科技

2018年5月，市场研究机构Research And Markets发布了全球军事3D打印市场的研究报告。报告显示，预计2018年，军事3D打印市场将达到7.998亿美元，预计到2025年将达到45.944亿美元，2018年至2025年的年复合增长率为28.37%。国防工业对轻型零部件的需求以及国防实体对3D打印项目的投资是推动军事3D打印市场增长的关键因素。

2017年1月，美国陆军研究实验室（ARL）宣布开发出了一种"按需小型无人机制造系统"（ODSUAS）。它由专门的软件和3D打印机组成，据说在短短24h内就能完成无人机从设计到制造的整个流程。

ARL认为，无人机在战场上可以有很多种用途，如监视敌军动向、帮助己方通信，以及快速运送军需品。但战场环境瞬息万变，要想让无人机及时发挥作用就必须能将其快速制造出来。而这正是他们研制ODSUAS的原因。

实际上在2016年12月初，ARL就已经在班宁堡（美国陆军训练基地）用ODSUAS系统制造出了一架无人机并对其进行了飞行测试。而这些无人机表现也是相当给力，飞行速度最高达到了55m/h。当然，它们也存在着一些问题，比如噪声较大、飞行距离较短、负载能力较低等，而这正是ARL接下来打算解决的（图9-2）。

图9-2　无人机

（2）航天科技

金属材料的3D打印技术门槛高、难度大、附加值高，金属3D打印的产值也占到了整个3D打印行业的80%以上。在金属3D打印方面，西方国家的技术也长期领先于中国。而如今，金属3D打印正在越来越多地出现在中国制造的高端装备上，这让世界领先的企业，也注意到

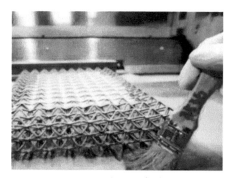

图9-3　金属3D打印

了中国企业在这个方面取得的创新和成就。中国航天科技集团公司第五研究院用一台由中国民营企业自主研发的大型金属3D打印机（与小型的精密的金属3D打印机的技术不同，大型的打印机采取了另一种不同的技术方式——同轴送粉工艺，而中国在这项技术上已经走在了世界的前列），让非常难以成型的钛合金，呈现出一个轻量化的结构，效果非常好，整个零件的减重达到了30%以上，使得火箭发射这一块成本节约了几百万，甚至上千万人民币（图9-3）。

（3）医学领域

眼角膜作为人眼最外层，角膜在聚焦视觉中具有重要作用，但可用于移植的角膜显著短缺。2018年6月，英国纽卡斯尔大学的科学家宣布已经成功地3D打印了第一个人类角膜，该技术成熟以后可用于未来无限量供应角膜。这种角膜使用的3D打印机比较简单，关键在于研究人员将来自健康供体角膜的干细胞与藻酸盐和胶原蛋白混合在一起，创造出可以3D打印的"生物墨水"解决方案。

该团队还表明，他们可以通过扫描眼睛来打印角膜以符合患者的独特要求，他们可以使用这些数据快速地3D打印符合尺寸和形状的角膜（图9-4）。

图9-4　3D打印眼角膜

（4）建筑家装

如图9-5所示，一款由维也纳设计师 Philipp Aduatz 设计，奥地利混凝土打印创业公司 Incremental3D 参与开发的 3D 打印混凝土躺椅。其设计理念是利用 Incremental3D 开发出的全新技术实现复杂自由形态设计方案，从而展示出复杂形态应用在家具设计领域中的全新可能。

这种技术能够在很短时间内 3D 打印出非常精细的混凝土几何体。在生产过程中，首先用混凝土材质 3D 打印出阴模，此后利用不到一小时的时间将完整的几何体印制在铸件上。为了提供足够的抗张强度，制作者还在敏感区域插入了碳纤维进行加固。椅面区域表面采用手工精细涂刷了一层抗紫外线聚氨酯涂层，这种处理方式也证明了，手工与数字技术在 21 世纪完全可以和谐共存。

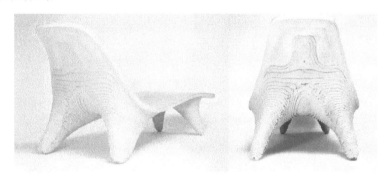

图9-5 数字长躺椅

（5）汽车行业

世界第一台3D打印汽车是由美国Local Motors公司设计制造，叫作"Strati"的小巧两座家用汽车，它的制造开启了汽车行业新篇章（图9-6）。

米其林于2017年6月发布了一款Visionary Concept非充气式概念轮胎，这个应用了3D打印技术的轮胎拥有蜂窝状的结构，是模仿自然界植物、矿物甚至动物自然生长过程的一种形式。其独特之处在于，车主可以在车内进行简单的操作，机器便能够在轮胎上实时打印新的胎面。轮胎可以向汽车发送胎面的磨损信息，汽车便可以根据行驶的路况重新打印轮胎（图9-7）。

图9-6 Strati

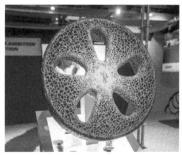

图9-7 Visionary Concept非充
气式概念轮胎

图9-8　BlackBelt 3D打印机

图9-9　3D打印裙子Loom

（6）电子行业

2017年，内置传送带的3D打印机——BlackBelt 3D打印机问世。它最大的亮点就是内置黑色的传送带，因此它能够打印比机身还长的立体物件。实际上，BlackBelt的传送带本身就是一条高精度的印刷平台，它能够跟随每一层的打印叠加水平移动。这种结构意味着BlackBelt也能批量打印物品，和流水线生产一样，打印好的物品就会在传送带上传送。这似乎是一个很简单的构思，却是3D打印技术向前发展的一大步（图9-8）。

（7）服装服饰

许多女性深知，遇到一件很合身的衣服是很不容易的事，用3D打印机制作的衣服，可谓是解决女性挑选服装的万能钥匙。

2018年1月，设计师Maria Alejandra Mora-Sanchez与Cosine Additive合作推出了一款可扩展的3D打印裙子Loom。Loom是一条真正可穿在身上的裙子，其灵感来自南美洲的一个土著部落的纺织品。无论是从时尚的角度还是增材制造的角度来看，裙子Loom都极具创新性（图9-9）。

9.3　全球新材料战略与空间布局

近几年，世界各国纷纷在新材料领域制定了相应的规划，全面加强研究开发，并在市场、产业环境等不同层面出台政策。

① 美国于 2009年、2011 年和 2015 年发布《国家创新战略》，其中清洁能源、生物技术、纳米技术、空间技术、健康医疗等优先发展领域均涉及新材料；2012 年制定的《先进制造业国家战略计划》，进一步加大对材料科技创新的扶持力度。

② 欧盟为实现经济复苏、消除发展痼疾、应对全球挑战，于2010 年制定了《欧洲 2020战略》，提出三大战略重点。

③ 德国政府发布了《创意、创新、繁荣：德国高技术2020 战略》，其中"工业 4.0"是十大未来项目中最为引人注目的课题之一。

④ 2013 年英国推出《英国工业 2050战略》，重点支持建设新能源、智能系统和材料化学等创新中心。

⑤ 日本于 2010 年发布了《新增长战略》和《信息技术发展计划》。

⑥ 韩国于2009 年公布了《绿色增长国家战略及五年行动计划》和《新增长动力规划及发展战略》。

⑦ 巴西、印度、俄罗斯等新兴经济体采取重点赶超战略，在新能源材料、节能环保材料、纳米材料、生物材料、医疗和健康材料、信息材料等领域制定专门规划，力图在未来国际竞争中抢占一席之地。

9.3.1 全球主要国家和组织的新材料发展战略

（1）美国

① 发展计划　先进制造业国家战略计划、重整美国制造业政策框架、先进制造伙伴计划（AMP）、纳米技术签名倡议、国家生物经济蓝图、电动汽车国家创新计划（EV Everywhere）、"智慧地球"计划、大数据研究与开发计划、下一代照明计划（NGLI）、低成本宽禁带半导体晶体发展战略计划。

② 涉及新材料相关领域　新能源材料，生物与医药材料，环保材料，纳米材料，先进制造、新一代信息与网络技术和电动汽车相关材料，材料基因组，宽禁带半导体材料。

（2）欧盟

① 发展计划　欧盟能源技术战略计划、欧盟 2020 战略、物联网战略研究路线图、"地平线 2020"计划、彩虹计划、"OLED100.eu"计划、旗舰计划。

② 涉及新材料相关领域　低碳产业相关材料、信息技术（重点是物联网）相关材料、生物材料、石墨烯等。

（3）英国

① 发展计划　低碳转型计划、英国可再生能源发展路线图、技术与创新中心计划、海洋产业增长战略、合成生物学路线图、英国工业 2050战略。

② 涉及新材料相关领域　低碳产业相关材料、高附加值制造业相关材料、生物材料、海洋材料等。

（4）德国

① 发展计划　能源战略 2050——清洁可靠和经济的能源系统、高科技战略行动计划、2020 高科技战略、生物经济 2030国家研究战略、国家电动汽车发展规划、工业 4.0。

② 涉及新材料相关领域　可再生能源材料、生物材料、电动汽车相关材料等。

（5）法国

① 发展计划　环保改革路线图、未来十年投资计划。

② 涉及新材料相关领域　可再生能源材料、环保材料、信息材料、环保汽车相关材料等。

（6）日本

① 发展计划　新增长战略、信息技术发展计划、新国家能源战略、能源基本计划、创建最尖端 IT 国家宣言、下一代汽车计划、海洋基本计划。

② 涉及新材料相关领域　新能源材料、节能环保材料、信息材料、新型汽车相关材料等。

（7）韩国

① 发展计划　新增长动力规划及发展战略、核能振兴综合计划、IT 韩国未来战略、国家融合技术发展基本计划、第三次科学技术基本计划。

② 涉及新材料相关领域　可再生能源材料、信息材料、纳米材料等。

（8）俄罗斯

① 发展计划　2030 年前能源战略、2025 年前国家电子及无线电电子工业发展专项计划、2030 年前科学技术发展优先方向。

② 涉及新材料相关领域　新能源材料、节能环保材料、纳米材料、生物材料、医疗和健康材料、信息材料等。

（9）巴西

① 发展计划　低碳战略计划、2012—2015 年国家科技与创新战略、科技创新行动计划。

② 涉及新材料相关领域　新能源材料，环保汽车、民用航空、现代生物农业等相关材料。

（10）印度

① 发展计划　气候变化国家行动计划，国家太阳能计划，"十二五"规划（2012—2017

年），2013 科学、技术与创新政策。

② 涉及新材料相关领域　新能源材料、生物材料等。

（11）南非

① 发展计划　国家战略规划绿皮书、新工业政策行动计划、2030 发展规划、综合资源规划。

② 涉及新材料相关领域　新能源材料、生物制药材料、航空航天相关材料等。

9.3.2 中国新材料产业政策与发展重点

随着全球制造业和高技术产业的飞速发展，新材料的市场需求日益增长，新材料产业发展前景十分广阔。世界各国均高度重视新材料产业的发展，我国也把新材料产业纳入国家大力培育发展七大战略性新兴产业之一。

"十二五"以来，我国政府高度重视新材料产业的发展，随着《"十二五"国家战略性新兴产业发展规划》和《新材料产业"十二五"发展规划》等国家层面战略规划的出台，中华人民共和国工业和信息化部（简称工信部）、中华人民共和国国家发展和改革委员会（简称国家发展改革委）等有关部委相继发布了新材料产业及其他战略性新兴产业的相关发展规划。

科技部发布了相关科技发展专项规划，其中绿色制造科技发展、半导体照明科技发展、绿色建筑科技发展、洁净煤技术科技发展、海水淡化科技发展、新型显示科技发展、国家宽带网络科技发展、中国云科技发展、医学科技发展、服务机器人科技发展、高速列车科技发展、制造业信息化、太阳能科技发展以及风力发电、智能电网重大科技产业化工程等，都包含了新材料的研发和应用内容。

表9-2为近年来中国新材料及其相关产业发展主要政策文件。

表9-2　近年来中国新材料及其相关产业发展主要政策文件

年份	发展主要政策文件	涉及新材料相关领域
2010	《国务院关于加快培育和发展战略性新兴产业的决定》	高性能复合材料、先进结构材料、新型功能材料
2011	《当前优先发展的高技术产业化重点领域指南（2011年度）》	纳米材料、核工程用特种材料、特种纤维材料、膜材料及组件、特种功能材料、稀土材料等

续表

年份	发展主要政策文件	涉及新材料相关领域
2011	《国家"十二五"科学和技术发展规划》	新型功能与智能材料、先进结构与复合材料、纳米材料、新型电子功能材料、高温合金材料、高性能纤维及复合材料、先进稀土材料等
2012	《新材料产业"十二五"发展规划》	特种金属功能材料、高端金属结构材料、先进高分子材料、新型无机非金属材料、高性能复合材料、前沿新材料
	《半导体照明科技发展"十二五"专项规划》《高品质特殊钢科技发展"十二五"专项规划》《高性能膜材料科技发展"十二五"专项规划》《医疗器械科技产业"十二五"专项规划》《节能与新能源汽车产业发展规划（2012—2020年）》《有色金属工业"十二五"发展规划》等	半导体照明材料、高品质特殊钢材料、新型轻质合金、膜材料、生物医用材料、锂离子动力电池材料
2013	《国家集成电路产业发展推进纲要》《能源发展"十二五"规划》《关于加快发展节能环保产业的意见》《大气污染防治行动计划》《国务院关于促进光伏产业健康发展的若干意见》	大尺寸硅、光刻胶等集成电路关键材料、太阳能电池材料、锂离子动力电池材料
2014	《关于加快新能源汽车推广应用的指导意见》《关键材料升级换代工程实施方案》	锂离子动力电池材料、信息功能材料、海洋工程材料、节能环保材料、先进轨道交通材料
2015	《中国制造2025》	特种金属功能材料、高性能结构材料、功能性高分子材料、特种无机非金属材料和先进复合材料
2016	《关于加快新材料产业创新发展的若干意见》	先进基础材料：包括高品质钢铁材料、新型轻合金材料、工业陶瓷及功能玻璃等品种 关键战略材料：包括耐高温及耐蚀合金、高性能纤维及其复合材料、先进半导体材料、生物医用材料等品种及器件 前沿新材料：包括石墨烯、增材制造材料、智能材料、超材料等基础研究与技术积累

续表

年份	发展主要政策文件	涉及新材料相关领域
2017	《新材料产业发展指南》	先进基础材料：先进钢铁材料、先进有色金属材料、先进化工材料、先进建筑材料、先进轻纺材料等 关键战略材料：高端装备用特种合金、高性能纤维及复合材料、稀土功能材料、宽禁带半导体材料、新型显示材料、新型能源材料、生物医用材料 前沿新材料：石墨烯、金属及高分子增材制造材料、形状记忆合金、自修复材料、智能仿生与超材料、液态金属、新型低温超导及低成本高温超导材料

参考文献

[1] 阿格尼丝·赞伯尼 著. 材料与设计. 王小荣、马骞译. 北京：中国轻工业出版社，2016.

[2] 马克·米奥多尼克 著. 迷人的材料. 赖盈满译. 北京：北京联合出版公司出版社，2015.

[3] 贺松林、姜勇、张泉 编著. 产品设计材料与工艺. 北京电子工业出版社，2014.

[4] 陈思宇，王军 主编. 产品设计材料与工艺. 北京水利水电出版社，2013.

[5] 张锡 主编. 设计材料与加工工艺. 北京化学工业出版社，2004.

[6] 李津 编著. 产品设计材料与工艺. 北京清华大学出版社，2018.

[7] 赵占西、黄明宇 主编. 产品造型设计材料与工艺. 北京机械工业出版社，2016.

[8] 杜淑幸 主编. 产品造型设计材料与工艺. 西安：西安电子科技大学出版社，2016.